普通高等教育计算机类专业"十三五"规划教材

C语言程序设计

（第2版）

许大炜 陆丽娜 缪相林 毕鹏 丁凰 赵彩 编

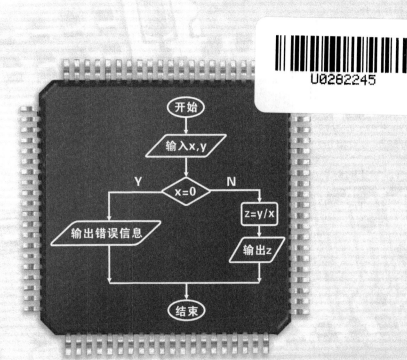

西安交通大学出版社
XI'AN JIAOTONG UNIVERSITY PRESS

内容简介

本教材针对应用型人才培养目标，从学生思维方式、理解能力及后续课程中的应用诸方面因素出发编写。全书分为九章，主要内容包括：C语言程序设计基础，数据类型、运算符及表达式，数据的输入输出，程序控制结构，数组、函数、指针、结构体与共用体和文件操作等。

本教材在结构上突出了以程序设计为中心，以语言知识为工具的思想，并介绍它们在程序设计中的应用；在内容上注重知识的完整性，适合初学者的需要；在写法上追求循序渐进，通俗易懂。本教材配有教学参考书《C语言程序设计——实验指导·课程设计·习题解答》（第2版），以方便读者深入学习和上机操作。

本教材既可以作为高等学校本科及专科学生C语言程序设计的教材，又可以作为自学者的参考用书，同时也可供各类考试人员复习参考。

图书在版编目（CIP）数据

C语言程序设计/许大炜等编.—2版.—西安：
西安交通大学出版社,2015.8(2021.8重印)
ISBN 978 - 7 - 5605 - 7650 - 3

Ⅰ.①C…　Ⅱ.①许…　Ⅲ.①C语言-程序设计-高等
学校-教材　Ⅳ.①TP312

中国版本图书馆 CIP 数据核字(2015)第 162742 号

书　　名	C语言程序设计（第2版）
编　　者	许大炜　陆丽娜　缪相林
	毕　鹏　丁　凰　赵　彩
责任编辑	屈晓燕
出版发行	西安交通大学出版社
	（西安市兴庆南路 1 号　邮政编码 710048）
网　　址	http://www.xjtupress.com
电　　话	(029)82668357　82667874（发行中心）
	(029)82668315（总编办）
传　　真	(029)82668280
印　　刷	西安日报社印务中心
开　　本	787mm×1092mm　1/16　印张 18.125　字数 435 千字
版次印次	2015 年 8 月第 2 版　2021 年 8 月第 11 次印刷
书　　号	ISBN 978 - 7 - 5605 - 7650 - 3
定　　价	38.00 元

读者购书、书店添货，如发现印装质量问题，请与本社发行中心联系、调换。
订购热线：(029)82665248　(029)82665249
投稿热线：(029)82664954
读者信箱：jdlgy@yahoo.cn

前　言

要真正地掌握软件开发的艺术,首先至少要掌握一种程序设计语言,在众多的程序设计语言中,C语言以其灵活性和实用性,受到了广大计算机应用人员的喜爱。近年来,即使出现了C++、Java、C#等语言,也没有动摇C语言的基础地位。C语言几乎具备现代程序设计语言的所有语言成分,一旦掌握了C语言,就可以较为轻松地学习其他任何一种程序设计语言。

程序设计既是一种技术,也是一项工程。作为一本程序设计教材,不仅要介绍关于C语言的基本语法知识,还要强调程序设计思想方法的培养,并且着眼于应用现代软件工程的思想进行程序开发能力的训练。如何解决好这三个方面的衔接,将它们有机地结合起来,是当前程序设计教材需要解决的一个重要问题,也是一个难点问题。本书第二版在第一版的基础上,根据用户的反馈及在教学过程中得到的经验,我们重写了部分章节,并对其他内容进行了大量的修改和补充,以力图体现以下几点:

1.讲解C语言最基本、最常用的内容,重点主要放在语言本身的难点和程序设计思想、技巧方面;各章节之间密切结合并且以阶梯式前进,使读者在学习的过程中能够循序渐进。

2.通过第9章的综合举例提供一个完整的软件系统开发的过程,将每一章的知识点融入其中,使读者学以致用,最终能够开发出一个学生信息管理系统,并且能够得到设计一个软件的实践经验。

3.本书中使用结构化的流程图表示方法有助于理解和掌握模块化的程序设计思想和控制结构。

4.每一章的小结、技术提示和编程经验主要总结了一些易错的概念和知识点。介绍一些软件开发的编程经验,使读者在学习的过程中就能领悟到高质量的C语言编程知识。

5.本书新加入了部分计算机等级考试的经典试题,使学生学完以后,不仅能够掌握C语言的理论知识,具备一定的实践能力,同时又能够为参加计算机等级考试打下基础。

本书由西安交通大学城市学院许大炜、陆丽娜、缪相林、毕鹏、丁凰和赵彩老师编写。感谢西安交通大学出版社编辑多次组织我们讨论如何编写适合应用型人才的教材,给了我们许多的启发。感谢西安交通大学杨麦顺老师对本书提出的很好的建议。感谢西安交通大学城市学院领导对我们的关心、支持和帮助。

欢迎使用本书进入美妙的C语言世界。C语言博大精深,本书只能从实用易懂的角度去描述它,希望能给读者抛砖引玉,使读者尽可能地达到一种专业的编程境界。

由于笔者的水平和编程经验有限,加之时间比较紧促,本书尚有很多不足之处,希望能够得到专家和读者的指正。

编者
于西安交通大学城市学院
2015 年 7 月

目　录

第1章 C语言程序设计基础

什么是程序？什么是程序设计？什么是程序设计语言？本章首先介绍编程的基本概念，建立起对程序、程序设计、程序设计语言的基本认识。而后将简单介绍C程序设计语言，并通过简单实例介绍C语言的一些基本概念。

1.1 程序设计与程序设计语言

1.1.1 程序与程序设计

1. 输入、处理和输出

计算机已应用到订票、商店、饭店和其他各种地方。在每个地方的使用都遵循类似的惯例。由人将一些数据输入计算机中，并由计算机生成结果，结果可显示在屏幕上，也可以打印在纸上。

让我们将航班订票系统整个动作系列分成一个个阶段。在第一阶段，要输入航班需求信息（包括目的地、起始日期和时间、舱的级别），这一阶段叫输入阶段。在最后一个阶段中，在屏幕上显示座位存在与否的信息，这一阶段叫做输出阶段。在上述两个阶段中间阶段，计算机处理由操作计算机的业务员输入的数值，并生成座位存在状态的输出，这一阶段叫处理阶段。因此，由计算机完成的活动的周期称为输入－处理－输出周期，或I－P－O周期。

2. 程序和编程语言

（1）程序。计算机是如何知道应该遵循哪些步骤来满足订票需求呢？它是如何计算出你在本商店的购物金额呢？它是如何生成你在学校的情况报告单呢？计算机是一台"什么都知道"的机器吗？不是的。看一看计算机是如何运作的，它被设计为具有接收输入、处理和产生输出功能的键盘、鼠标、显示器、打印机、中央处理单元和内存储器等组件来完成这些功能。然后，还必须给它一些列指令，指令中说明下列内容：

①需提供的输入的类别。例如，起程日期、时间、舱位等级、目的地。

②期望输出的类别。例如，座位存在与否的状态。

③需要进行的处理。例如，接收数值、检验座位存在与否、显示结果。

完成一个特定工作的一系列指令叫程序。因此，对于你要计算机完成的每项工作，都需要一个单独的程序，任何现实生活中的问题都包含许多小的工作。因此，要解决现实生活中的问题，你需要将许多小程序组合在一起，形成应用程序。例如，处理员工工资应用程序，其中需要完成生成付款核查和相关报表的任务，由单独的程序完成这些任务。

（2）程序设计。计算机是一种通用的计算机器，加上一个或一组程序后，它就会变为处理某个专门问题、完成某种特殊工作的专用机器。它还可以运行不同的程序,一台计算机可以在不同时候处理不同问题,甚至同时处理多个不同的问题。人们描述(编制)计算机程序的工作被称为程序设计或者编程,这种工作的产品就是程序。由于计算机的本质特征,从计算机诞生之初就有了程序设计工作。

程序设计一般包含以下几个部分:

①确定数据结构。根据任务提出的要求制定的输入数据和输出结果,确定存放设计的数据结构。

②确定算法。针对存放数据的数据结构来确定问题、完成任务的步骤。

③编码。根据确定的数据结构和算法,使用选定的计算机语言编写程序代码,输入到计算机中并保存到磁盘上。

④调试程序。检查编码中的错误。可以输入各种数据对程序进行测试,检查出程序中的错误,进行改进。

(3)编程语言。一般我们使用计算机高级语言来编写应用程序。高级语言有许多种,如C、C++、Java等,每种语言都有其优势和长处,你需要在决定使用哪种编程语言之前,必须对你的应用问题作出估计。

所有语言都有一个词汇表,其中给出了这种语言中有特定含义的单词列表。各种语言也都有它们的语法规则,其中说明了组词成句的规则。正是这些规则确保了不管用哪一种特定的语言讲述什么内容,所有懂这种语言的人的解释总是一样的。编程语言的词汇表,称为该语言的一些列关键字;编程语言也有语法,称为该语言的句法。

(4)编译器。计算机是否可以直接识别用高级语言编写的程序呢? 不,它们无法做到这一点。它需要一个翻译,将用编程语言写的指令转换成计算机能够识别的机器语言。编译器是一种特殊的程序,它处理用一种特定的编程语言写的程序,并将它转换成机器语言。编译器也遵循I-P-O周期,它接收编程语言作为输入。然后,处理这些指令,将它们转换为机器语言。这些机器语言指令可以在计算机上执行,一次一句。这个转换过程称为编译。对于每种编程语言,都有不同的编译器,例如,编译用C语言写的程序需要C编译器,编译Java程序需要Java编译器。

3. 解决问题的技术

程序是解决一个特定问题的一系列指令。在正式开始写程序之前,我们先要拟定解决问题的过程。算法(algorithm)是解决问题所需的一系列步骤。描述算法常用的有两种方法:伪代码和流程图。

(1)伪代码。伪代码是用通俗易懂的语言表达的算法。在程序开发过程中,伪代码作为一个起始步骤。它为程序员提供了用一种特定的语言编写指令的详细模板。

伪代码不仅详细,而且可读性强。在伪代码阶段纠错的代价要低于以后的阶段。一旦伪代码被接受,就可以用编程语言的词汇和语法对其重写。

(2)流程图。流程图是算法的图形表示形式,它包含一系列符号。每个符号表示算法中描述的一种特定活动。其中涉及的有:接收输入、处理输出、显示输出、处理过程中将包含作出判断以及表示这些所有活动的符号等(见表4-1流程图符号)。

1.1.2　程序设计语言

要说明在一个程序的运行中需要做些什么,就需要仔细给出这一程序性活动的每一步细节过程,需要描述程序运行中的各种动作及其执行的顺序。为做到这些,就需要一种意义清晰、人用起来比较方便、计算机也能处理的描述方式。也就是说,需要有描述程序的合适语言。可供人们编写程序用的语言就是程序设计语言,这是一类人们自己设计的语言。程序设计语言常被称为编程语言,也常常简称为程序语言或语言。

程序语言的一个突出特点就在于不仅人能懂得和掌握它,能用它描述所需的计算过程,而且计算机也可以"识别"它,并且可以按程序语言所给出的计算过程去运行,完成人所需的计算工作。程序设计语言是人描述计算的工具,也是人与计算机进行交流信息的媒介。通过用程序语言写程序,人能指挥计算机完成各种特定工作,完成各种计算。

计算机语言经历了机器语言、符号语言和高级语言三个发展阶段。

(1)机器语言。计算机诞生之初,人们只能直接用二进制形式的机器语言写程序。对于人的使用而言,二进制的机器语言很不方便,用它书写程序非常困难,不但工作效率极低,程序的正确性也难以保证,发现有错误也很难辨认和改正。下面是一台假设计算机上的指令系列:

```
0000000010000000001000    将单元 1000 的数据装入寄存器 0
0000000010001000001010    将单元 1010 的数据装入寄存器 1
0000010100000000000001    将寄存器 1 的数据乘到寄存器 0 原有数据上
0000000010000000001100    将单元 1100 的数据装入寄存器 1
0000010000000000000001    将寄存器 1 的数据加到寄存器 0 原有数据上
0000000100000000001110    将寄存器 0 的数据存入单元 1110
```

这里想描述的是计算算术表达式 a×b+c(这里的符号 a、b、c 分别代表地址为 1000、1010 和 1100 的存储单元),而后将结果保存到单元 1110 的计算过程(程序)。对于一个复杂程序若用二进制机器指令来书写,十分困难且难于理解。

(2)符号语言。也称汇编语言。为缓解使用机器语言的问题,人们发展了用符号形式表示,使用相对容易些的汇编语言。用汇编语言写的程序需要用专门软件(汇编系统)加工,翻译成二进制机器指令后才能在计算机上使用。

下面是用某种假想的汇编语言写出的程序,它完成与上面程序同样的工作:

```
load 0 a    将单元 a 的数据装入寄存器 0
load 1 b    将单元 b 的数据装入寄存器 1
mult 0 1    将寄存器 1 的数据乘到寄存器 0 原有数据上
load 1 c    将单元 c 的数据装入寄存器 1
add 0 1     将寄存器 1 的数据加到寄存器 0 原有数据上
save 0 d    将寄存器 0 的数据存入单元 d
```

汇编语言的每条指令对应于一条机器语言指令,但采用了助记的符号名,存储单元也用符号形式的名字表示。这样,每条指令的意义都更容易理解和把握了。但是,汇编语言的程序仍然完全没有结构,仅仅是许多这样的指令堆积形成的长长序列,是一团散沙。因此,复杂程序作为整体仍然难以理解。

(3)高级语言。为克服低级语言(机器语言与汇编语言)的缺点,1954 年诞生了第一个高级程序语言 FORTRAN,它采用接近于人们习惯使用的自然语言,用类似数学表达式的形式描述数据计算。语言中提供了有类型的变量,还提供了一些流程控制机制,如循环和子程序等。这些高级机制使编程者可以摆脱许多具体细节,方便了复杂程序的书写,写出的程序也更容易阅读,有错误也更容易辨认和改正。FORTRAN 语言诞生后受到广泛欢迎。

高级程序语言更接近人所习惯的描述形式,更容易被接受,也使更多的人能加入程序设计活动中。用高级语言书写程序的效率更高,这使人们开发出更多应用系统,反过来又大大推动了计算机应用的发展。应用的发展又推动了计算机工业的大发展。可以说,高级程序设计语言的诞生和发展,对于计算机发展到今天起了极其重要的作用。从 FORTRAN 语言诞生至今,人们已提出的语言超过千种,其中大部分只是实验性的,只有少数语言得到了广泛使用,如 C,C++、PASCAL、Ada、Java、LISP、Smalltalk、PROLOG 等,这些语言都曾在程序语言或计算机的发展历史上起过(有些仍在起着)极其重要的作用。随着时代发展,今天绝大部分程序都是用高级语言写的。人们也已习惯于用程序设计语言特指各种高级程序语言了。在使用高级语言(例如 C 语言)描述前面同样的程序片断只需一行代码:

$$d = a * b + c;$$

这表示要求计算机求出等于符号右边的表达式,而后将计算结果存入由 d 代表的存储单元中。这种表示方式与人们所熟悉的数学形式直接对应,因此更容易阅读和理解。高级语言程序中完全采用符号形式,使人可以摆脱难用的二进制形式和具体计算机的细节。此外,高级语言中还提供了许多高级的程序结构,供编写程序者组织复杂的程序。

计算机能否理解用这些高级语言编写的指令呢?不,它无法做到这一点。如何使计算机执行用高级编程语言写的程序指令呢?这时就需要一个翻译,将用编程语言写的指令翻译成机器指令。编译器就是这样一种特别的程序,对每一种语言都有不同的编译器。编译器有如下两种方式。

① 编译方式。人们首先针对具体语言(例如 C 语言)开发出一个翻译软件(程序),其功能是将采用该种高级语言书写的程序翻译为所用计算机的机器语言的等价程序。这样,用这种高级语言写出程序后,只要将它送给翻译程序,就能得到与之对应的机器语言程序。此后,只要命令计算机执行这个机器语言程序,计算机就能完成我们所需要的工作了。

② 解释方式。人们首先针对具体高级语言开发一个解释软件,其功能是一条一条地读入高级语言的程序,并能一步步地按照程序要求工作,完成程序所描述的计算。有了这种解释软件,只要直接将写好的程序送给运行着这个软件的计算机,就可以完成该程序所描述的工作了。

1.2　C 语 言 简 介

1.2.1　C 语言出现的历史背景

1. C 语言的出现

C 语言是一种计算机程序设计语言。它既具有高级语言的特点,又具有汇编语言的特点。它是由美国贝尔研究所的 D. M. Ritchie 于 1972 年推出。1978 年后,C 语言已先后被移植到大、中、小及微型机上。它可以作为系统设计语言,编写系统,也可以作为应用程序设计语言,编写不依赖计算机硬件的应用程序。它的应用范围广泛,具备很强的数据处理能力,不仅仅是在软件开发上,而且各类科研都需要用到 C 语言,适于编写系统软件、三维和二维图形和动画软件。具体应用如单片机以及嵌入式系统开发。

在使用最多的微机上,也有许多性能良好的商品 C 语言系统可用。包括 Borland 公司早期的 Turbo C 和后续 Borland C/C++系列产品;Microsoft(微软)公司的 Microsoft C 和后续 Visual C/C++系列产品。还有其他 C/C++语言系统产品,使用较广的有 Watcom C/C++和 Symantic C/C++ 等。此外还有许多廉价的和免费的 C 语言系统。各种工作站系统大都采用 UNIX 和 Linux,C 语言是它们的标准系统开发语言。各种大型计算机上也有自己的 C 语言系统。

2. C 语言的发展过程

C 语言的发展经历如下:

ALGOL 60 → CPL → BCPC → B → C → 标准 C → ANSI C → ISO C

(1)ALGOL 60 语言:它是一种面向问题的高级语言。ALGOL 60 离硬件较远,不适合编写系统程序。

(2)CPL(combined programming language,组合编程语言):CPL 是一种在 ALGOL 60 基础上更接近硬件的一种语言。CPL 规模大,实现困难。

(3)BCPL(basic combined programming language,基本的组合编程语言):BCPL 是对 CPL 进行简化后的一种语言。

(4)B 语言:B 语言是对 BCPL 进一步简化所得到的一种很简单接近硬件的语言。B 语言取 BCPL 语言的第一个字母。B 语言精练、接近硬件,但过于简单,数据无类型。B 语言诞生后,UNIX 开始用 B 语言改写。

(5)C 语言:它是在 B 语言基础上增加数据类型而设计出的一种语言。C 语言取 BCPL 的第二个字母。C 语言诞生后,UNIX 很快用 C 语言改写,并被移植到其他计算机系统。

从 C 语言的发展历史可以看出,C 语言是一种既具有一般高级语言特性,又具有低级语言特性的程序设计语言。C 语言从一开始就是用于编写大型、复杂系统软件的,当然它也可以用来编写一般的应用程序。也就是说,C 语言是程序员的语言!

1.2.2　C 语言的基本特点

C 语言之所以能被世界计算机界广泛接受是由于其自身的特点,主要有如下几点。

(1)C 是中级语言。它把高级语言的基本结构和语句与低级语言的实用性结合起来。C 语言可以像汇编语言一样对位、字节和地址进行操作,而这三者是计算机最基本的工作单元。

(2)C 是结构式语言。结构式语言的显著特点是代码及数据的分隔化,即程序的各个部分除了必要的信息交流外彼此独立。这种结构化方式可使程序层次清晰,便于使用、维护以及调试。C 语言是以函数形式提供给用户的,这些函数可方便地调用,并具有多种循环、条件语句控制程序流向,从而使程序完全结构化。

(3)C 语言功能齐全。具有各种各样的数据类型,并引入了指针概念,可使程序效率更高。而且计算功能、逻辑判断功能也比较强大,可以实现决策目的的游戏。

(4)C 语言适用范围大。适合于多种操作系统,如 Windows、DOS、UNIX 等等;也适用于多种机型。

C 语言对编写需要硬件进行操作的场合,明显优于其他高级语言,有一些大型应用软件也是用 C 语言编写的。

　　C 语言的工作得到世界计算机界的广泛赞许。一方面,C 语言在程序设计语言研究领域具有一定价值,由它引出了不少后继语言,还有许多新语言从 C 语言中汲取营养,吸收了它的不少优点;另一方面,C 语言对计算机工业和应用的发展也起了很重要的推动作用。正是由于这些情况,C 语言的设计者获得世界计算机科学技术界的最高奖——图灵奖。

1.2.3　C 语言的标准化

　　在设计 C 语言时,设计者主要把它作为汇编语言的替代品,作为自己写操作系统的工具,因此更多强调的是灵活性和方便性。语言的规定很不严格,可以用许多不规矩的方式写程序,因此也留下了许多不安全因素。使用这样的语言,就要求编程序者自己注意可能出现的问题,程序的正确性主要靠人来保证,语言的处理系统(编译程序)不能提供多少帮助。随着应用范围的扩大,使用 C 语言的人越来越多,C 语言在这方面的缺点日益突出起来。由此造成的后果是,人们用 C 语言开发的复杂程序里常带有隐藏很深的错误,难以发现和改正。

　　随着应用发展,人们更强烈地希望 C 语言能成为一种更安全可靠、不依赖于具体计算机和操作系统(如 UNIX)的标准程序设计语言。美国国家标准局(ANSI)在上世纪 80 年代建立了专门小组研究 C 语言标准化问题,在 1988 年颁布 ANSI C 标准。这个标准被国际标准化组织和各国标准化机构接受,同样也被采纳为中国国家标准。此后,1999 年通过了 ISO/IEC 9899:1999 标准(一般称为 C99)。这一新标准对 ANSI C 做了一些小修订和扩充。

1.3　C 语言程序设计简介

1.3.1　简单 C 语言程序的构成与格式

　　用 C 语言写出的程序简称为 C 语言程序。下面先请读者阅读几个简单的 C 语言程序例子,以初步了解用 C 语言写出的程序是什么样子。

　　【例 1-1】　要求在屏幕上输出一行信息。

```
# include <stdio.h>                 // 编译预处理命令
void main ()                        // 定义主函数
{                                   // 函数开始的标志
    printf("This is a C program.\n");  // 输出指定一行信息
}                                   // 函数结束标志
```

本程序运行的结果是:

This is a C program.

程序说明:

　　①上面这个简单程序可分为两个基本部分:第一行是个特殊行,include<stdio.h>说明程序用到 C 语言系统提供的标准功能(参考标准库文件 stdio.h)。其他几行是程序的基本部分。

　　②main 是主函数名,void 是函数类型。每个 C 语言程序都必须有一个 main 函数,它是每一个 C 语言程序的执行起始点(入口点)。

　　主函数 main 的函数体是用一对花括号"{}"括起来的。"{}"是函数开始和结束的标志,不可省略。main 函数中的所有操作(或语句)都在这一对花括号之间。也就是说,main 函数的所有操作都在 main 函数体中。

③"printf"语句是 C 语言的库函数,功能是用于程序的输出(显示在屏幕上),本例用于将一个字符串"This is a C program. \n"的内容输出。即在屏幕上显示:"This is a C program. "。"\n"表示输出后换行。

④注意:函数体中每条语句都要用";"号结束。

⑤在使用库函数中输入输出函数时,必须提供有关此函数的信息"♯include <stdio. h>"。

【例 1 - 2】　用 C 语言实现求和问题。

```c
♯include <stdio. h>
void main()                          // 计算两数之和主函数
{
    int a,b,sum;                     // 定义变量 a、b、sum
    a = 123;b = 456;                 // 以下 3 行为 C 语句
    sum = a + b;
    printf("sum = % d\n",sum);       // % d 为格式控制
}
```

本程序运行的结果是:

sum = 579

程序说明:

①同样此程序也必须包含一个 main 函数作为程序执行的起点。在"{}"之间为 main 函数的函数体,main 函数所有操作均在 main 函数体中。

②注释可以用"//"和"/ ∗"和"∗ /"来标识。从"//"开始到换行符结束的为单行注释;用/ ∗ 和 ∗ /括起来的部分为段注释,注释只是为了改善程序的可读性,在编译、运行时不起作用。所以可以用汉字或英文字符表示,可以出现在一行中的最右侧,也可以单独成为一行。注释允许占用多行,只是需要注意"/ ∗"与"∗ /"配对使用,一般不要嵌套注释。

③int a,b,sum;是定义三个具有整数类型的变量 a、b、sum。C 语言的变量必须先声明再使用。

④a=123;b=456;是两条赋值语句。将整数 123 赋给整型变量 a,将整数 456 赋给整型变量 b。a、b 两个变量的值分别为 123 和 456。注意这是两条赋值语句,每条语句均用";"结束。也可以将两条语句写成两行,即:

a = 123;

b = 456;

由此可见 C 语言程序的书写可以相当随意,但是为了保证容易阅读要遵循一定的规范。

⑤sum=a+b;是将 a、b 两个变量的内容相加,然后将其结果赋值给整型变量 sum。此时 sum 的内容为 579。

⑥printf("sum＝%d\n",sum);是调用库函数输出 sum 的结果。"%d"为格式控制,表示 sum 的值是以十进制整数形式输出。

【例 1 - 3】　输入两个数,求两个整数中较大者。

♯include <stdio. h>

```
void main()                    //主函数
{                              // main 函数体开始
    int a,b,c;                 // 定义变量 a、b、c
    scanf("%d,%d",&a,&b);      // 输入变量 a 和 b 的值
    c = max(a,b);              // 调用 max 函数,将调用结果赋给 c
    printf("max=%d",c);        // 输出变量 c 的值
}                              // main 函数体结束
int max(int x,int y)           // 计算两数中较大数的函数
{                              // max 函数体开始
    int z;                     // 定义函数体中的变量 z
    if(x>y) z = x;             // 若 x>y,将 x 的值赋给变量 z
    else z = y;                // 否则,将 y 的值赋给变量 z
    return z;                  // 将 z 值返回,通过 max 带回调用处
}                              // max 函数体结束
```

本程序运行的结果是:

10,12

max = 12

第一行输入数 10 和 12,赋给变量 a 和 b,第二行输出两个数中较大一个数。

程序说明:

①程序包括两个函数。其中主函数 main 仍然是整个程序执行的起点;函数 max 功能是计算两数中较大的数。

②主函数 main 调用 scanf 函数获得两个整数,存入 a、b 两个变量,然后调用函数 max 获得两个数值中较大的值,并赋给变量 c,最后输出变量 c 的值(结果)。

③int max(int x,int y)是函数 max 的函数头,函数 max 的函数头表明此函数获得两个整数参数,返回一个整数。

④函数 max 同样也用花括号"{}"将函数体括起来。max 的函数体是函数 max 的具体实现。从参数表获得数据,处理后得到结果 z,然后将 z 返回调用函数 main。

⑤本例还表明函数除了调用库函数外,还可以调用用户自己定义、编制的函数。

1.3.2　C 语言程序的结构

综合上述三个例子,我们对 C 语言程序的基本组成和形式(程序结构)有了一个初步了解。

(1)C 语言程序由多个函数构成。

① 一个 C 语言源程序至少包含一个 main 函数,也可以包含一个 main 函数和若干个其他函数。函数是 C 语言程序的基本单位。

② 被调用的函数可以是系统提供的库函数,也可以是用户根据需要自己编写设计的函数。C 是函数式的语言,程序的全部工作都是由各个函数完成。编写 C 语言程序就是编写一个个函数。

③ 函数库非常丰富,ANSI C 提供 100 多个库函数。

(2)main 函数(主函数)是每个程序执行的起始点。可以将 main 函数放在整个程序的最

前面,也可以放在整个程序的最后,或者放在其他函数之间。但一个 C 程序总是从 main 函数开始执行,而不论 main 函数在程序中的位置。

(3)一个函数由函数首部和函数体两部分组成。

① 函数首部。一个函数的第一行。其定义格式如下:

返回值类型　函数名([函数参数类型 1 函数参数名 1],…,[函数参数类型 n,函数参数名 n])

如:　int　max (int x, int y);

注意:函数可以没有参数,但是后面的()不能省略,这是格式的规定。

② 函数体。函数首部下用一对{ }括起来的部分为函数体。如果函数体内有多个{ },最外层是函数体的范围。函数体一般包括声明部分和执行部分。

{

[声明部分]:在这部分定义本函数所使用的变量。

[执行部分]:由若干条语句组成命令序列(可以在其中调用其他函数)。

}

(4)C 语言程序书写格式自由。

①在书写 C 语言程序时,一行可以写一条或几条语句,一条语句也可以写在多行上。

②C 语言程序没有行号,也没有 FORTRAN、COBOL 那样严格规定书写格式(语句必须从某一列开始)。

③每条语句的最后必须有一个分号";"表示语句的结束。

(5)可以使用"//"或"/ * "或" * /"对 C 程序中的任何部分作注释。

注释可以提高程序可读性,使用注释是编程人员的良好习惯。使用注释的原因如下。

① 编写好的程序往往需要修改、完善,事实上没有一个应用系统是不需要修改、完善的。很多人会发现自己编写的程序在经历了一些时间以后,由于缺乏必要的文档、必要的注释,最后连自己都很难再读懂。需要花费大量时间重新思考、理解原来的程序,这浪费了大量的时间。如果一开始编程就对程序进行注释,刚开始麻烦一些,但日后可以节省大量的时间。

② 一个实际的系统往往是多人合作开发,程序文档、注释是其中重要的交流工具。

(6)C 语言本身不提供输入/输出语句,输入/输出的操作是通过调用库函数(如 scanf、printf)完成。

输入/输出操作涉及具体计算机硬件,把输入/输出操作放在函数中处理,可以简化 C 语言和 C 的编译系统,便于 C 语言在各种计算机上实现。不同的计算机系统需要对函数库中的函数做不同的处理,以便实现同样或类似的功能。

不同的计算机系统除了提供函数库中的标准函数外,还按照硬件的情况提供一些专门的函数。因此不同计算机系统提供的函数数量、功能会有一定差异。

1.3.3　良好的编程风格

C 语言是一种"自由格式"语言,除了若干简单限制外,写程序的人完全可以根据自己的想法和需要选择程序格式,确定在哪里换行,在哪里增加空格等。这些格式变化并不影响程序的意义,但没规定程序格式并不说明格式不重要。程序的一个重要作用是给人看,首先是写程序的人自己要看。对于阅读而言,程序格式非常重要,在多年程序设计实践中,人们在这方面取得了统一认识。由于程序可能很长,结构可能很复杂,因此程序必须采用良好的格式写出,所用格式应很好体现程序的层次结构,反映各个部分间的关系。

关于程序格式,人们普遍采用的方式是:

①在程序里适当加入空行,分隔程序中处于同一层次的不同部分。

②同层次不同部分对齐排列,下一层次的内容通过适当空格(在一行开始加空格),使程序结构更清晰。

③在程序里增加一些说明性信息。

上面程序例子的书写形式符合这些要求。

开始学习程序设计时就应养成注意程序格式的习惯。虽然对开始的小程序,采用良好格式的优势并不明显,但对稍大一点的程序,情况就不一样了。有人为了方便,根本不关心程序的格式,想的只是少输入几个空格或换行,这样做的结果是使自己在随后的程序调试检查中遇到更多麻烦。所以,这里要特别提醒读者:注意程序格式,从一开始写最简单的程序时就注意养成好习惯。目前多数程序设计语言(包括 C 语言)都是自由格式语言,这就使人能够方便地根据自己的需要和习惯写出具有良好格式的程序来。总之,优秀程序员的素质要求是:

①使用 Tab 键缩进;

②各层次的花括号"{}"对齐;

③有足够的注释和有合适的空行。

1.4   运行 C 语言程序的步骤

1.4.1   C 语言程序的编辑、编译与运行

C 语言是高级程序设计语言,用它写出的程序通常称作 C 语言源程序(其扩展名为".c"或".cpp"),人们容易使用、书写和阅读,但计算机却不能直接执行,因为计算机只能识别和执行特定二进制形式的机器语言程序。为使计算机能完成某个 C 语言源程序所描述的工作,就必须首先把这个源程序(如上面简单例子)转换成二进制形式的机器语言程序,这种转换称为"C 语言程序的加工"。"C 语言程序的加工"包括"编译程序"、"连接程序"等,如图 1-1 所示。

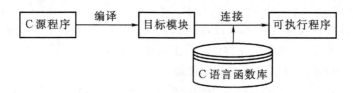

图 1-1   C 语言源程序的加工过程

C 语言程序加工通常分两步完成:

①第一步由编译程序对源程序文件进行分析和处理,生成相应的机器语言目标模块,由目标模块构成的代码文件称为目标文件(其扩展名为".obj")。目标文件还不能执行,因为它缺少 C 语言程序运行所需要的运行系统。此外,一般 C 语言程序里都要使用函数库提供的某些功能。例如前面例子用到标准函数库的一个输出函数(printf 是该函数的名字)。

②第二步加工,连接。这一工作由连接程序完成,将编译得到的目标模块与其他必要部分

(运行系统、函数库提供的功能模块等)拼装起来,组成可执行程序(其扩展名为".exe")。图 1-2 说明了 C 语言程序执行的基本步骤。

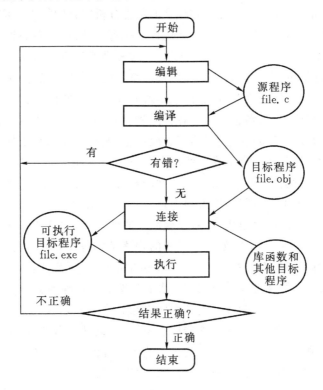

图 1-2　程序上机步骤

对前面简单 C 语言程序例 1-1 进行加工后,就能得到一个与之对应的、可以在计算机上执行的程序。启动运行这个可执行程序,将看到它的执行结果。这个程序的执行将得到一行输出,通常显示在计算机屏幕上,或者图形用户界面上的特定窗口里:

This is a C program.

如果修改程序,将双引号里一串字符换成其他内容,就可以让它输出那些内容。例如:

```
#include <stdio.h>
int main ()
{
    printf("Hello, world! \n");
}
```

这一程序执行后,就会输出:

Hello, world!

C 语言程序加工过程的启动方式由具体 C 语言系统确定,具体请查看有关系统的手册。

1.4.2　使用语言编程注意要点

程序设计是一种智力劳动,编程序时面对的是一个需要解决的问题,要完成的是一个符合题目要求的程序。有了程序语言,我们该如何着手编写程序呢? 在程序设计领域里,解决小问题与解决大问题,为完成练习而写程序与为解决实际应用而写程序之间并没有本质的区别。

使用语言编写程序要注意以下几个重要方面。

(1)分析问题的能力,特别是从计算和程序的角度分析问题的能力。应逐渐学会从问题出发,通过逐步分析和分解,把原问题转化为能用计算机通过程序方式解决的问题,在此过程中构造出一个解决方案。这方面的深入没有止境,许多专业性问题都需要用计算机解决,为此,参与者既需要熟悉计算机,也需要熟悉专业领域。将来的世界特别需要这种兼容并包的人才。虽然课程和教科书里的问题很简单,但它们也是通向复杂问题的桥梁。

(2)掌握所用的程序语言,熟悉语言中各种结构,包括其形式和意义。语言是解决程序问题的工具,要想写好程序,必须熟悉所用语言。应注意,熟悉语言绝不是背诵定义,这个熟悉过程只有在程序设计的实践中才能完成。就像上课再多也不能学会开车一样,仅靠看书、读程序、抄程序不可能真正学会写程序。要掌握一种语言写程序,就需要反复地亲身实践。

(3)学会写程序。虽然写过程序的人很多,但会写程序、能写出好程序的人不多。什么是好程序?例如,解决同样问题写出的程序,比较简单的就是一个好程序。这里可能有算法的选择问题,有语言的使用问题,其中需要确定适用的程序结构等。除了程序本身是否正确外,人们还特别关注写出的程序是否具有良好的结构,是否清晰,是否易于阅读和理解,当问题中有些条件或要求改变时,它们是否容易修改程序去满足新的要求等等。

(4)检查程序错误的能力。初步写出的程序常会包含一些错误。虽然语言的编译系统能帮我们查出其中的一些错误,并通告发现错误的位置,但确认实际错误和实际位置,确定应如何改正,这些永远是编程者的事。对于系统提出的各种警告,系统无法检查的错误等的认定就更要依靠人的能力。这种能力也需要在学习中有意识地锻炼。

(5)熟悉所用工具和环境。程序设计要用一些编程工具,要在具体计算机环境中进行,熟悉工具和环境是很重要的。目前大部分读者可能要用某种集成开发环境做程序实习,熟悉这种环境的使用能够大大提高我们的工作效率。

1.5　小　结

本章主要介绍了以下内容:
(1)程序、程序设计、程序设计语言的基本概念。
(2)C 语言的特点与标准化。
(3)用三个简单的 C 语言的实例了解 C 语言的结构。
(4)了解 C 语言的执行过程。
(5)提倡良好的编程风格,指出语言编程注意的要点。

1.6　技术提示

(1)二进制是基数为 2 的代码,是 0 和 1 组成的序列。计算机并不能直接识别 C 语言代码,需要通过编译器进行转换为机器语言后才能识别。

(2)C 语言是一种广泛使用的与机器无关的语言,使用 C 语言编写的程序不经改动或者通过很小的改动就可以在其他的计算机上运行。

（3）ANSI 标准库中的函数都是非常严格和高效的，使用这些函数一般比用户自己编写的函数性能要高。

1.7　编程经验

（1）在实际的编程过程中，如果遇到 C 语言的某些特征不清楚，可以编写一个小的程序运行一下，看看得到的结果和所了解的是否一致，从而深刻地理解该特征。

（2）所有的不以括号开始和结束的语句都必须以分号结束，以"♯"开始的语句例外。

（3）一般不在一行中编写多行 C 语言的语句。

（4）在编写程序时，书写括号应该成对出现，否则在括号内程序较长时，可能会忘记输入后括号。

（5）C 语言中对大小写很敏感，所以在编写 C 语言程序时，大小写字母一定要分清楚。

（6）在用户自定义的函数中，一定要加上对该函数的注释。

习　题

1.什么是程序？什么是程序设计？

2.现在为什么不使用二进制数编程？

3.简述 C 语言的基本特点。

4.请举例说明 C 语言程序是由哪几部分组成。

5.C 语言程序从开发到执行一般需要几个阶段？各个阶段的作用是什么？

6.熟悉自己学习 C 语言程序设计时准备使用的编译系统或者集成开发环境，了解这个系统的基本使用方法、基本操作（命令式或窗口菜单的图形界面方式），弄清楚如何取得联机帮助信息。设法找到并翻阅这一系统的手册，了解手册的结构和各个部分的基本内容。了解在该系统中编一个简单程序的基本步骤。安装并熟悉 Microsoft Visual C＋＋。

7.输入本章正文中给出的简单 C 程序例子（注意程序格式），在自己所用的系统中做出一个 C 语言源程序文件；对这个源程序进行加工，得到对应的可执行程序；运行这个程序，看一看它的效果（输出了什么信息等）。

8.下列 C 语言程序写法是否正确？若是错误的，请改正。

```
(1)main()                          (2)main
    {                                  {
      printf("C program1")               printf("C program1");
    }                                    printf("C program2");
                                       }
```

9.在 C 语言中，main()函数的用途是什么？

10.描述程序在编辑到运行都经过了哪些过程？

11.试说明源代码和可执行程序之间的关系。

12.编写一个程序，生成以下的图形。

```
        *
```

```
        *  *  *
      *  *  *  *  *
    *  *  *  *  *  *  *
      *  *  *  *  *
        *  *  *
            *
```

13. 选择题

(1)以下关于简单程序设计的步骤和顺序的说法中正确的是(　　)。

　　(A)确定算法后,整理并写出文档,最后进行编码和上机调试

　　(B)首先确定数据结构,然后确定算法,再编码,并上机调试,最后整理文档

　　(C)先编码和上机调试,在编码过程中确定算法和数据结构,最后整理文档

　　(D)先写好文档,再根据文档进行编码和上机调试,最后确定算法和数据结构

(2)计算机能直接执行的程序是(　　)。

　　(A)源程序　　　(B)目标程序　　　(C)汇编程序　　　(D)可执行程序

(3)以下叙述中错误的是(　　)。

　　(A)C 语言的可执行程序是由一系列机器指令构成的

　　(B)用 C 语言编写的源程序不能直接在计算机上运行

　　(C)通过编译得到的二进制目标程序需要连接才可以运行

　　(D)在没有安装 C 语言集成开发环境的机器上不能运行 C 源程序生成的.exe 文件

第 2 章　数据类型、运算符及表达式

2.1　C 语言基本字符、标识符和关键字

2.1.1　C 语言字符集

C 语言程序就是 C 语言基本字符集的一个符合规定形式的序列。字符是 C 语言的最基本的元素,C 语言字符集由字母、数字、空白、标点和特殊字符组成(在字符串常量和注释中还可以使用汉字等其他图形符号)。由字符集中的字符还可以构成 C 语言进一步的语法成分(如标识符、关键词、运算符等)。C 语言基本字符包括以下几种。

(1)数字字符:0,1,2,3,4,5,6,7,8,9。

(2)大小写英文字母:a~z,A~Z。

(3)其他可打印(可显示)的字符,如各种标点符号、运算符、括号等。

(4)空白符:空格符、换行符、制表符等统称为空白字符。空白符只在字符常量和字符串常量中起作用。在其他地方出现时,只起间隔作用。按规定,C 语言程序中大部分地方增加空白字符都不影响程序的意义。因此人们写程序中常利用这种性质,通过加入一些空白字符,把程序排成适当格式,以增加程序的可读性,这样能使程序的表现形式更好地反映其结构和所实现的计算过程。例如:

```c
#include <stdio.h>
main()
{
    printf("Good morning! \n");
}
```

2.1.2　标识符

在程序设计中,常常用具有一定意义的名字来标识程序中的变量、函数、数组等的名字,以便在程序中按名字来访问,这种名字被称为标识符。C 语言中标识符的定义规则如下。

(1)一个标识符是由字母、数字和下划线组成的字符串。其中不能有空白字符,而且要求第一个字符必须是字母或下划线。例如:

合法的标识符:sum, average, _total, Class, day, stu_name, p4050

不合法的标识符:

M. D. John	(出现非法字符".")	$123	(以"$"打头)
#33	(以"#"打头)	3D64	(以数字打头)

以下划线开始的标识符保留给系统使用,在我们编写普通程序时一般不要使用这种标识符,以免与系统内部的名字造成冲突。

标识符(名字)是用来标识变量名、符号常量名、函数名、数组名、类型名等实体(程序对象)的有效字符序列。标识符由用户自定义(取名字)。

(2)C 语言规定大小写字母敏感。标识符中同一字母的大写形式和小写形式将看作不同字符,例如,a 和 A 不同,name、Name、NAME、naMe 和 nMAE 是互不相同的标识符名。

(3)ANSI C 没有限制标识符的长度,但各个编译系统都有自己的规定和限制。如若规定 8 个字符有效,这时,标识符 student_name 和 student_number,如果取 8 个字符,这两个标识符名是相同的。

(4)标识符不能与系统的"关键字"同名,也不能与系统预先定义的"标准标识符"同名。

2.1.3　关键字

C 语言的合法标识符中有一个特殊的小集合,其中标识符称为关键字。作为关键字的标识符在程序里具有语言预先定义好的特殊意义,因此不能用于其他目的,不能作为普通的名字使用。C 语言关键字共 32 个,如下所示:

auto	break	case	char	const	continue
default	do	double	else	enum	extern
float	for	goto	if	int	long
register	return	short	signed	sizeof	static
struct	switch	typedef	union	unsigned	void
volatile	while				

这里不对它们做更多解释。随着书中讨论的进展,读者会一个一个地接触并记住它们。目前只需要了解关键字这一概念。

除关键字外,还有一些预定义标识符,C 语言将它定义作他用,因此,这些标识符也不能作变量名、函数名等。主要有:

#define	#endif	#ifdef	#ifndef
#include	#line	#undef	

除了不能使用关键字和预定义标识符外,我们写程序时几乎可以用任何标识符为自己所定义的对象命名,所用的名字可以自由选择。通过长期程序设计实践,人们认识到命名问题并不是一件无关紧要的事情。合理选择程序对象的名字能为人们写程序、读程序提供有益的提示,因此人们倡导采用能说明程序对象内在含义的名字(标识符),即标识符命名应当有一定的意义,做到见名知意。

命名问题并不是 C 语言所特有的,每种程序语言都必须规定程序中名字的形式,在计算机领域中到处都用到名字。例如,计算机里的文件和目录名,各种应用程序和系统名,图形界面上的图标和按钮名,甚至计算机网络中的每台计算机,都需要命名。

2.2　常量与变量

C 语言中存在着两种表征数据的形式:常量和变量。常量和变量是程序设计中的基本概念，它们的含义对于程序设计来说是非常重要的。常量用来表征数据的值，变量不但可以用来表示数据的值，也可以用来存放数据。

2.2.1　常量和符号常量

在程序的运行过程中，其值不能改变的量称为常量，即常数。常量有两种类型：一种称直接常量，又称值常量，如 12，0，4.6，−1.23；另一种称为符号常量。当我们利用一个有意义的标识符来表示某个特定的值时，这个标识符被称为符号常量，实际上就是值常量的名字。在 C 语言中，符号常量需要明确的定义。定义一个符号常量需要在程序的头部使用一条宏定义，即 ♯define 命令对它进行定义。符号常量的定义形式如下：

　　　　♯define 符号常量名　　常量

【例 2 - 1】　符号常量的使用。

```
♯include <stdio.h>
♯define PRICE 30
main()
{
    int num,total;
    num = 10;
    total = num * PRICE;
    printf("total = % d",total);
}
```

执行以上程序后输出结果为：

total = 300

程序中 PRICE 是符号常量，代表常量 30，此后程序中凡出现 PRICE 的地方，都可以用 30 来代替。

程序说明：

①♯define 是宏命令而非 C 语句，所以其命令行末尾不能加分号。

②习惯上符号常量名用大写字母表示，当然也可以小写，但前后必须一致，因为 C 语言中要区分字母的大小写。

③如再用赋值语句给符号常量赋值是错误的，也不能对符号常量指定类型。如例中写 "PRICE ＝5;"是错误的，写"int PRICE;"也是错误的。

使用符号常量的好处在于：

①含义清楚。从上面的程序中，出现 PRICE 的地方就可知道它是代表"30"。

②当符号常量被多次引用时可以简化程序的数据输入，同时在修改同一个常量时，只需要修改一处即可。

使用 ♯define 来定义常量，一定要仔细，如果不谨慎，很容易导致错误。

2.2.2　变量

在程序的运行过程中，其值可以改变的的量称为变量。每个变量都有一个名字，称为变量名。每个变量都必须进行变量说明，指明变量的类型，相当于给变量进行注册。编译时，系统

根据变量的类型,在内存中分配合适大小的存储空间,这样就可以将该变量名与其对应的存储空间联系起来。变量定义的一般格式:

　　　　数据类型　变量 1[,变量 2,…,变量 n];

如变量说明:

int　a1,a2 = 50 ;

其中 int 是类型标识符,a1、a2 是变量名称,50 是变量 a2 的初值。

变量名和符号常量名的命名方法相同,都是用标识符来表示。变量在定义时可以同时给它赋初值。

合法的变量名举例:Class_1, _abc, id, a1b3, sum, total 等等。

非法的变量名举例:

a b　　　　　　　//中间包含有非法空格字符

1a　　　　　　　// 以数字开头

Xyz − 1　　　　　// 中间包含有非法字符"−"

a>b　　　　　　//中间包含有非法字符">"

￥123　　　　　　// 以非法符号"￥"开头

注意:

①变量名遵守标识符准则,习惯上变量名用小写字母表示,为增加程序的可读性,所用标识符最好能"见名知意"。如:表示姓名变量用 name 就比用 xm 的效果要好。

②在 C 语言中规定所用到的变量必须"先定义,后使用"。

③应该避免使用专有的名词来命名变量。

变量名、变量在内存中占据的存储单元、变量值三者关系如图 2-1 所示。变量名在程序运行过程中不会被改变,但变量的值是可以改变的。

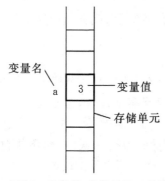

图 2-1　变量名、变量值、存储单元三者关系示意图

2.3　数据类型与数据表示

数据是程序处理的对象。数据类型用于说明数据的类型,以便在内存中为其分配相应的存储空间。因此,C 语言程序在处理数据之前,要求数据具有明确的数据类型。C 语言提供了 5 种基本数据类型:整型、字符型、单精度实型、双精度实型和空类型,5 种聚合类型:数组、指针、结构体、共用体和枚举。本章重点讨论基本数据类型,其他数据类型将在后续有关章节介绍。

C 语言的数据类型如图 2-2 所示。

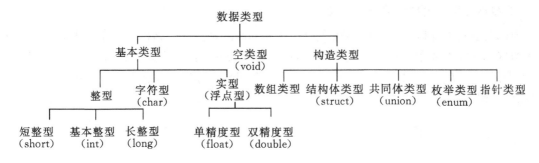

图 2-2 C 语言的数据类型

2.3.1 整型数据

1. 整型常量的表示方法

常量的表示方法是指常量数值的表示形式。C 语言中提供了如下三种表示整型常量的方法：

①十进制整数。由数字 0~9 和正负号表示。例如 123，−456，0。

②八进制整数。C 语言规定以数字"0"开头，后面跟数字(0~7)表示。例如：

$0123 = (123)_8 = (83)_{10}$；$−011 = (−11)_8 = (−9)_{10}$

③十六进制整数。C 语言规定以 0x 或 0X 开头，后面跟数字(0~9，A~F，a~f)表示。例如：

$0x123 = (123)_{16} = (291)_{10}$；$−0x12 = (−12)_{16} = (−18)_{10}$

有了上述三种表示方法，我们可以这样定义整数的符号常量：

```
#define   NUM1   20        //定义符号常量 NUM1 的值为 20
#define   NUM2   022       //定义符号常量 NUM2 的值为 18
#define   NUM3   0x1a      //定义符号常量 NUM3 的值为 26
```

十进制数与二进制数、八进制数、十六进制数的转换如表 2-1 所示。

表 2-1 数制转换表

十进制数	二进制数	八进制数	十六进制数
1	0001	1	1
2	0010	2	2
3	0011	3	3
4	0100	4	4
5	0101	5	5
6	0110	6	6
7	0111	7	7
8	1000	10	8
9	1001	11	9
10	1010	12	A(a)
11	1011	13	B(b)
12	1100	14	C(c)
13	1101	15	D(d)
14	1110	16	E(e)
15	1111	17	F(f)

2. 整型数据在内存中的存放形式

计算机中,内存储器的最小存储单位为"位"(bit)。大多数计算机把 8 个二进制组成一个"字节"(byte),并给每一个字节分配一个地址。整型数据在内存中以二进制形式存放,事实上是以补码形式存放。例如,当用两个字节存放一个 short 类型正整数 10 时,其在内存中的二进制码如图 2-3 所示。

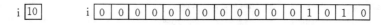

　　(a)数据存放示意图　　　　(b)数据在内存中实际存放情况(补码表示)

图 2-3　整数 10 内存存放情况

对于正整数在内存中是以"原码"形式存放。对于负整数在内存中是以"补码"形式存放。原码—补码相互转化的规则为:正数的补码与其原码相同,负数的补码是其对应的原码数值位按位取反加 1。

【例 2-2】 10,-10 的计算机机内表示。

先将数值表示为二进制形式,获得数值的原码。将原码转化为补码,就是机内表示。即:

$$10 = (1010)_2 = (0000,0000,0000,1010)_原 = (0000,0000,0000,1010)_补$$
$$-10 = (-1010)_2 = (1000,0000,0000,1010)_原 = (1111,1111,1111,0110)_补$$

从 10,-10 的计算机机内表示可以看出正数、负数机内表示(补码表示)看上去明显不同。

3. 整型变量的定义

整型变量用关键字 int 来定义,其定义的格式为:

　　int　变量名表;

【例 2-3】 整型变量定义。

```
#include <stdio.h>
main()
{
    int a,b,c,d;
    a = 12;
    b = -24;
    c = a + b;
    d = b - a;
    printf("%d,%d\n",c,d);
}
```

注意:

①定义变量时,数据类型说明与变量名之间至少有一个空格分开,最后一个变量名之后必须用";"结尾。

②可以说明多个相同类型的变量,但各个变量之间需用","分隔。

③变量说明必须在变量使用之前。

④可以在定义变量的同时,对变量进行赋值。

【例 2 - 4】　变量初始化。

```
#include <stdio.h>
main()
{
    int a = 3,b = 5;                //定义整型变量a和b,并分别赋初值3和5
    printf("a + b = % d\n",a + b);
}
```

4. 整型变量的分类

整型变量的基本类型为 int。通过加上修饰符,可定义更多的整数数据类型。

(1) 根据表达范围可以分为:基本整型 (int)、短整型(short int)、长整型(long int)、双长整型(这是 C99 新增的类型,但许多编译系统尚未实现)。用 long 型可以获得大范围的整数,但同时会降低运算速度。

(2) 根据是否有符号可以分为:有符号(signed,默认)和无符号(unsigned)整型变量。

有符号整型数的存储单元的最高位是符号位(0:正,1:负),其余为数值位。无符号整型数的存储单元的全部二进制位都用于存放数值本身而不包含符号。

归纳起来有 8 种整型变量,目前只用前 6 种,如表 2 - 2 所示。

表 2 - 2　VC 6.0 中定义的整型数所占字节数和数值范围

类型	占用字节数	数值范围
[signed] int	4	$-2147483648 \sim 2147483647$,即 $-2^{31} \sim (2^{31}-1)$
[signed] short [int]	2	$-32768 \sim 32767$,即 $-2^{15} \sim (2^{15}-1)$
[signed] long [int]	4	$-2147483648 \sim 2147483647$,即 $-2^{31} \sim (2^{31}-1)$
[signed] long long	8	$-9223372036854775808 \sim 9223372036854775808$ $-2^{63} \sim (2^{63}-1)$
unsigned [int]	4	$0 \sim 4294967295$,即 $0 \sim (2^{32}-1)$
unsigned short [int]	2	$0 \sim -65535$,即 $0 \sim (2^{16}-1)$
unsigned long [int]	4	$0 \sim 4294967295$,即 $0 \sim (2^{32}-1)$
unsigned long long	8	$0 \sim 18446744073709551615$,即 $0 \sim (2^{64}-1)$

例如,保存整数 13 的各种整型数据类型,如图 2 - 4 所示。

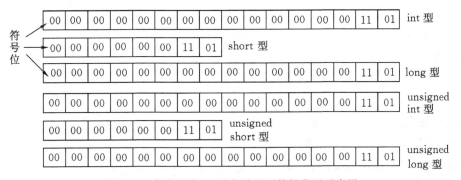

图 2 - 4　保存整数 13 的各种整型数据类型示意图

　　C标准中没有具体规定上面数据类型所占用的字节数,只要求 long 型数据长度不短于 int 型,short 型不长于 int 型。具体如何实现,由各计算机系统自行决定。在将一个程序运行在不同系统时,要注意这个区别。目前 VC++ 6.0 系统上各种数据类型所占用的字节数与数值范围如表 2-2 所示。

5.整型常量的分类

C语言根据整型常量值所在范围确定其数据类型,具体规则如下。

(1)如果整型常量的值位于 −32768~32767 之间,C 语言认为它是 short 型常量。

(2)如果整型常量的值位于 −2147483648~2147483647 之间,C 语言认为它是 int 型常量。

(3)在十进制数表示的常量后面加上字符 l 或 L 字母,则认为是 long int 型常量。如 789L、666l。在 VC++6.0 中,由于 int 和 long int 型的数据都是分配 4 个字节,因此没有必要用 long int 型。

2.3.2　实型数据

实型数又称浮点数,它是用来表示具有小数点的数据。

1.实型常量的表示方法

实型常量有两种方法表示。

(1)小数形式。这种实型常量由数字和小数点组成(必须有小数点)。

例如:0.123、123.、123.0、0.0。

(2)指数形式。这种形式类似数学中的指数形式,其格式为:aen。表示 $a\times10^n$。

例如:12.3e2 表示 12.3×10^2,78e2 表示 78×10^2。

注意:

①字母 e 或 E 之前必须有数字,e 后面的指数必须为整数。

例如:e3、2.1e3.5、.e3、e 都不是合法的指数形式。

②规范化的指数形式。在字母 e 或 E 之前的小数部分,小数点左边应当有且只有一位非 0 数字。用指数形式输出时,是按规范化的指数形式输出的。

例如:2.3478e2、3.0999E5、6.46832e12 都属于规范化的指数形式。

③实型常量都是双精度,如果要指定它为单精度,可以加后缀 f。

2.实型数据在内存中的存放形式

一个 float 实型数据一般在内存中占 4 个字节(32 位)。与整数存储方式不同,实型数据是按照指数形式存储的。系统将实型数据分为小数部分和指数部分,分别存放。如 3.14159 实型数据存放的示意图如图 2-5 所示。

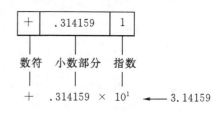

图 2-5　实型数据存放示意图

标准 C 没有规定用多少位表示小数,多少位表示指数部分,由 C 编译系统自定。例如,很多编译系统以 24 位表示小数部分,8 位表示指数部分。小数部分占的位数多,实型数据的有效位数多,精度高;指数部分占的位数多,则表示的实型数据数值范围大。

3. 实型变量的分类

C 语言中实型变量分为：单精度(float)、双精度(double)和长双精度(long double)三种，其变量定义格式如下。

(1)单精度实型：数据类型符是 float，这种变量占用 4 个字节(32 位)内存，变量绝对值的取值范围是 $10^{-38}\sim10^{38}$。float 型变量的定义格式为：

　　　float 变量名表；

(2)双精度实型：数据类型符是 double，这种变量占用 8 个字节(64 位)内存，变量绝对值的取值范围是 $10^{-308}\sim10^{308}$。double 型变量的定义格式为：

　　　double 变量名表；

(3)长双精度实型：数据类型符是 long double，这种变量占用 16 个字节(128 位)内存，变量绝对值的取值范围是 $10^{-4932}\sim10^{4932}$。long double 型变量的定义格式为：

　　　long double 变量名表；

不同的编译系统对长双精度实型数据处理方法不同，目前 VC++ 6.0 对 long double 和 double 型一样处理，分配 8 个字节。

VC++ 6.0 定义的实型数所占用的字节数和数字范围见表 2－3。

表 2－3　VC++ 6.0 定义的实型数所占用的字节数和数字范围

类型	占用字节数	有效数字个数	数值范围
float	4	6~7	±(3.4e−38~3.4e38)
double	8	15~16	±(1.7e−308~1.7e308)
long double	16	18~19	±(1.2e−4932~1.7e4932)

注意：

①对于每一个实型变量也都应该先定义后使用。

②long float 实际上就是 double，因此没有 long float 类型。

③表 2－3 的三种实型数据类型中，float 型精度最低，long double 型精度最高。

④在 VC++ 6.0 中，所有 float 实型数据运算中，自动转换成 double 类型处理。

4. 实型数据的精度

实型变量是用有限的存储单元存储的，因此提供的有效数字是有限的，在有效位以外的数字将被舍去，由此可能会产生一些实型数据的舍入误差。表 2－3 列出三种实型数据所能精确表示的数字个数可供参考。

【例 2－5】　将一个有效数字位超过 7 位的数赋值给实型变量，然后输出实型变量的值，实型变量产生误差。

```
#include "stdio.h"
main()
{
    float x = 123456789;
    double y = 123456789;
    printf("\nx = %f,y = %f",x,y);
}
```

程序运行的结果：

x = 123456792.000000，y = 123456789.000000

从运行结果可以看出单精度实型变量 x 只接收了前面 7 位，从第 8 位开始数据不准确。所以在使用实型数据时一定注意可能产生的误差。应当避免将一个很大的数和一个很小的数直接进行运算，否则将"丢失"这个很小的数。

由于实数存在舍入误差，使用时要注意：

①不要试图用一个实数精确表示一个大整数，记住：浮点数是不精确的。因数据若超出它的有效位，则被舍去，产生误差。

②实数一般不判断"相等"，而是判断接近或近似。避免直接将一个很大的实数与一个很小的实数相加、相减，否则会"丢失"小的数。

③根据要求选择单精度、双精度数。

5. 实型常量的类型

(1)凡以小数形式或指数形式出现的实型常量，在内存中都以指数形式存储。

(2)许多 C 编译系统将实型常量作为双精度实数来处理，这样可以保证较高的精度，缺点是运算速度降低。在实数的后面加字符 f 或 F，如 1.65f、654.87F，使编译系统按单精度处理实数。在实数的后面加字符 l 或 L，如 1.65l、654.87L，使编译系统按长双精度处理实数。表 2-4 是一些双精度类型数据与它们所表示的实数值对照表。

表 2-4　双精度数值与对应的实数值对照表

双精度数	所表示的实数值
2e-3	0.002
105.4e-10	0.000,000,010,54
2.45e17	245,000,000,000,000,000.0
304.24e8	30,424,000,000.0

(3)实型常量可以赋值给一个 float、double、long double 型变量。根据变量的类型截取实型常量中的有效位。

2.3.3　字符型数据

1. 字符型变量

C 语言中，字符变量用关键字 char 进行定义。在定义的同时可以赋初值。字符型变量定义的一般形式如下：

　　　char 变量表；

在定义字符变量时，应注意变量的命名应符合标识符的命名规则。下面是 char 型字符变量的定义范例：

　　　char c1,c2 = ´z´；

它表示 c1 和 c2 为字符型变量，char 是字符数据类型，c1、c2 是变量名称。同时给字符型变量 c2 赋值 z。

2. 字符型常量

(1)字符常量。

C 语言中,一个字符常量代表 ASCII 字符集中的一个字符,在程序中用单引号(即撇号)把一个字符括起来作为字符常量。如:'*'、'a'、'A'、'&'、'#'、'￥'等都是字符常量。

说明:

①单引号中的大小写字母代表不同的字符常量,如:'a'和'A'是不同的字符常量。

②单引号中的空格字符也是一个字符常量,不能写成两个连续的单引号。

③字符常量只能包括一个字符,所以 c1='a',c2='b';就是合法的,而 c1='aa',c2='wer'就是非法的。

④字符常量只能用单引号括起来,不能用双引号括起来。所以"a"不是字符常量,而是一个字符串。

(2)转义字符常量。

C 语言中还定义了一种特殊形式的字符常量,就是以一个"\"开头的字符序列,叫转义字符。转义字符及非法字符常量举例见表 2-5 和表 2-6。

表 2-5　C 语言中转义字符及其含义

转义字符	含义	转义字符	含义
\n	换行符	\\	反斜杠字符"\"
\t	水平制表符	\?	问号
\v	垂直制表符	\'	单引号字符
\b	退格键	\"	双引号字符
\r	回车	\ooo	最多是 3 位的八进制
\f	换页符	\xhh	最多是 2 位的十六进制
\a	报警(铃声)	\0	空字符

表 2-6　几种非法字符常量列举

非法字符常量	错误原因
'\197'	9 不能充当八进制数位的位数
'\1673'	\ooo 表明,\后面最多跟 3 位八进制数
'\abc'	\前面漏掉了 x
'ab'	对常规字符,单引号中间只能有一个字符
'\x1fc'	\xhh 表明,\x 后面最多跟 2 位十六进制数

【例 2-6】　使用转义字符控制输出。

```
#include "stdio.h"
main()
{
```

```
    printf("\n\t\101");          // 光标移到下一行行首,再移到下一个制表位,输出 A
                                 // (ASCII 编码为 8 进制的 101)
    printf("\n\t\t\b");          // 光标移到下一行的行首,再移到下两个制表位,然后
                                 // 退一格
    printf("\n\\ * hello * \\"); // 光标移到下一行行首,输出\ * hello * \
    printf("\n\t\x41");          // 光标移到下一行行首,再移到下一个制表位,输出 A
                                 // (ASCII 编码为 16 进制的 41)
}
```

3. 字符数据在内存中的存储形式及使用

在所有的编译系统中都规定以一个字节来存放一个字符。因此,字符变量在内存中占用 1 个字符(8 位),可以存放 ASCII 字符集中的任何字符。如图 2-6 所示。

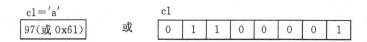

图 2-6　字符数据在内存的存储形式

4. 可对字符数据进行运算

当把字符放入字符变量时,字符变量中的值就是该字符的 ASCII 码值,所以字符变量可以作为整型变量来处理,可参与对整型所允许的任何运算。如:

```
a = 'D';          // a = 68
x = 'A' + 5;      // x = 65 + 5
s = '!' + 'G'     // s = 33 + 71
```

可以看出字符数据以 ASCII 码存储的形式与整数的存储形式类似,这使得字符型数据和整型数据之间可以通用(当作整型量)。具体表现如下。

①可以将整型量赋值给字符变量,也可以将字符量赋值给整型变量。

②可以对字符数据进行算术运算,相当于对它们的 ASCII 码进行算术运算。

③ 一个字符数据既可以以字符形式输出(ASCII 码对应的字符),也可以以整数形式输出(直接输出 ASCII 码)。

注意:尽管字符型数据和整型数据之间可以通用,但是字符型只占 1 个字节,即如果作为整数使用,其范围为 0~255(无符号)和-128~127(有符号)。

【例 2-7】 字符'a'的各种表达方法(字符型、整型数据通用)。

```
#include"stdio.h"
main()
{
    char c1 = 'a';
    char c2 = '\x61';         // 字符'a'的十六进制表示
    char c3 = '\141';         // 字符'a'的八进制表示
    char c4 = 97;             // 97 数的十进制表示
```

```
    char c5 = 0x61;                 //97 数的十六进制表示
    char c6 = 0141;                 //97 数的八进制表示
    printf("\nc1 = %c,c2 = %c,c3 = %c,c4 = %c,c5 = %c,c6 = %c\n",c1,c2,c3,c4,c5,c6);
    printf("c1 = %d,c2 = %d,c3 = %d,c4 = %d,c5 = %d,c6 = %d\n",c1,c2,c3,c4,c5,c6);
    getch();
}
```

运行结果：

c1 = a, c2 = a, c3 = a, c4 = a, c5 = a, c6 = a　　　　　（打印字符结果）

c1 = 97, c2 = 97, c3 = 97, c4 = 97, c5 = 97, c6 = 97　　（打印字符的 ASCII 码）

【例 2 - 8】　大小写字母的转换。

提示：ASCII 码表中小写字母比对应的大写字母的 ASCII 码的值大 32。

```
#include "stdio.h"
main()
{
    char c1,c2;
    c1 = 'a';
    c2 = 'B';
    c1 = c1 - 32;
    c2 = c2 + 32;
    printf("\nc1 = %c,c2 = %c\n",c1,c2);
}
```

运行结果为：

c1 = A,c2 = b

本例还可以看出允许字符数据与整型数据直接进行算术运算,运算时字符数据用 ASCII 码值参与运算。

2.3.4　字符串常量

C 语言除了允许使用字符常量外,还允许使用字符串常量。字符串常量是由一对双引号(" ")括起来的字符序列。例如："How dow you do?","CHINA","a","$123.45"。

注意：

①要区分字符常量与字符串常量。如"a"和'a'。

C 语言规定：在每个字符串的结尾加一个字符串结束标志,以便系统据此判断字符串是否结束。C 规定以"\0"(ASCII 码为 0 的字符)作为字符串结束标志。如："CHINA"在内存中的存储应当是：(长度＝6)

C	H	I	N	A	\0

②不能将字符串赋给字符变量。设 c 为字符型变量,则 c＝"a";是错误的,c＝"CHINA";也是错误的。

③C 语言没有专门的字符串变量,如果想将一个字符串存放在变量中,可以使用字符数

组。即用一个字符数组来存放一个字符串,数组中每一个元素存放一个字符。

　　④两个连续的双引号("　")也是一个字符串常量,称为"空串",但要占用一个字节的存储空间来存放"\0"。

2.4　运算符及表达式

　　以上章节介绍了数据类型,以及常量、变量的概念,如何对这些数据进行处理呢? 这就需要依靠代表一定运算功能的运算符将运算对象连接起来,并以符合C语言语法规则构成一个运算过程的式子即表达式,来进行数据处理。

2.4.1　C语言运算符概述

1.运算符按功能分类

　　(1)算术运算符:用于各类数值运算。

　　包括加(+)、减(−)、乘(*)、除(/)、求余(或称模运算,%)、自增(++)、自减(−−)共7种。

　　(2)关系运算符:用于比较运算。

　　包括大于(>)、小于(<)、等于(==)、大于等于(>=)、小于等于(<=)和不等于(! =)6种。

　　(3)逻辑运算符:用于逻辑运算。

　　包括与(&&)、或(||)、非(!)3种。

　　(4)位操作运算符:按二进制位进行运算。包括位与(&)、位或(|)、位非(~)、位异或(^)、左移(<<)、右移(>>)6种。

　　(5)赋值运算符:用于赋值运算。

　　包括简单赋值(=)、复合算术赋值(+=,−=,*=,/=,%=)和复合位运算赋值(&=,|=,^=,>>=,<<=)三类共11种。

　　(6)条件运算符:这是一个三目运算符,用于条件求值。

　　条件运算符(?:)。

　　(7)逗号运算符:用于把若干表达式组合成一个表达式。

　　逗号运算符(,)。

　　(8)指针运算符:用于取内容和取地址两种运算。

　　取内容运算符为(*)和取地址运算符为(&)。

　　(9)求字节数运算符:用于计算数据类型所占的字节数。

　　求字节数(sizeof)。

　　(10)特殊运算符:包括括号(),下标[ ],成员(→,.)等几种。

2.运算符按连接运算对象的个数分类

　　(1)单目运算符(只带一个操作数的运算符)。

　　　　!　　~　　++　　−−　　−(取负号)　　*　　&　　sizeof

　　(2)双目运算符(带两个操作数的运算符)。

　　　　+　　−　　*　　/　　%　　<　　<=　　>　　>=　　==　　!=

　　　　<<　　>>　　&　　^|　　&&　　||

(3)三目运算符(带 3 个操作数的运算符)。

　　?:

(4)其他运算符。

　　() [] . —>

3.运算符的优先级及结合性

C 语言的优先级是指在表达式中存在不同优先级的运算符参与运算时,先做优先级高的操作。即优先级是用来标志运算符在表达式中的运行顺序。

C 语言中各运算符的结合性分为两种,即左结合性(自左至右)和右结合性(自右至左)。例如算术运算符的结合性是自左至右,即先左后右。如有表达式 x－y＋z 则 y 应先与"－"号结合,执行 x－y 运算,然后再执行＋z 的运算。这种自左至右的结合方向就称为"左结合性"。而自右至左的结合方向称为"右结合性"。最典型的右结合性运算符是赋值运算符。如 x＝y＝z,由于"＝"的右结合性,应先执行 y＝z 再执行 x＝(y＝z)运算。C 语言运算符中有不少为右结合性,应注意区别,以避免理解错误。

2.4.2　算术运算符及其表达式

1.基本算术运算符

C 语言提供的算术运算符包括:加(＋)、减(－)、乘(＊)、除(/)和取余(％),如表 2－7 所示。

表 2－7　算术运算符

算术运算符	名称	使用形式	举例
＋	加法	单目和双目运算符	$7+3,12.5+6.1,'a'+3$
－	减法	单目和双目运算符	$7-3,67.2-13.3,'Y'-5$
＊	乘号	双目运算符	$7*3,3.2*1.5,'\backslash xa'*2$
/	除号	双目运算符	$7/3.0,7/2,'k'\backslash 5$
％	取余	双目运算符	$7\%3,'A'\%4$

说明:

①取余运算的运算对象只能是整数,运算的结果是两个整数相除后所得的余数。

②若算术运算符两边均为整数,则结果为整型数。如两个整数相除的结果为整数。

③若参加运算的两个数中有一个数为实数,则结果为 double 型。

④单目运算符是只有一个运算对象的运算符。单目运算符"＋"表示正号,单目运算符"－"表示负号。单目运算符的优先级要比双目运算符高。

2.算术表达式

表达式是由常量、变量、函数和运算符组合起来的式子。一个表达式有一个值及其类型,它们等于计算表达式所得结果的值和类型。表达式求值按运算符的优先级和结合性规定的顺序进行。单个的常量、变量、函数可以看作是表达式的特例。

算术表达式是用算术运算符和括号将运算对象(也称操作数)连接起来并符合 C 语法规则的式子。以下是算术表达式的例子:

a + b

(a * 2)/c

(x + r) * 8 − (a + b)/7

sin(x) + sin(y)

3. 运算符的优先级及结合性

每个运算符都有一个优先级。算术运算符从高到低的优先级顺序是:先乘除后加减,有括号的先算括号。在表达式中,优先级较高的先于优先级较低的进行运算。而在一个运算量两侧的运算符优先级相同时,结合性是自左至右。

2.4.3 关系运算符及其表达式

1. 关系运算符

在程序中经常需要比较两个量的大小关系,以决定程序下一步的工作。比较两个量的运算符称为关系运算符。

C语言中提供了6个关系运算符,如表2-8所示。

表2-8 关系运算符

关系运算符	说明	举例(设 a=1, b=2, c=1)	
<	小于	a>b 运算结果为假,0	a>c 运算结果为假,0
>	大于	a<b 运算结果为真,1	a<c 运算结果为假,0
>=	大于或等于	a>=b 运算结果为假,0	a>=c 运算结果为真,1
<=	小于或等于	a<=b 运算结果为真,1	a<=c 运算结果为真,1
==	等于	a==b 运算结果为假,0	a==c 运算结果为真,1
!=	不等于	a!=b 运算结果为真,1	a!=c 运算结果为假,0

注意:

①由两个字符组成的运算符之间不允许有空格。表中“==”(等于)运算符为连续的两个“=”(等号),而不是一个“=”,一个“=”不表示比较,而是赋值,将右边的值赋给左边(详见2.4.5节)。

②从表2-8中可以看出,关系运算符都是双目运算符,它具有自左至右的结合性。

③关系运算符用于对操作数之间的关系进行运算,其实质是操作数间的比较,以判断两个操作数是否符合给定的关系。如符合给定关系,运算的结果为“真”,否则,运算的结果为“假”。

④关系运算符、算术运算符和赋值运算符之间的优先次序是:算术运算符的优先级别最高,关系运算符次之,赋值运算符的优先级最低。

⑤在C语言中,没有专门用于表示“真”、“假”的逻辑数据类型,规定用数值0表示“假”,用非0表示“真”(通常使用数值1来表示“真”)。如:

5>0   //其值为“真”,即为1

(a=3)>(b=5)   //由于3>5不成立,故其值为假,即为0

2. 关系表达式

由关系运算符构成的表达式,称之为关系表达式。关系表达式的一般形式为:

　　　　表达式　关系运算符　表达式

例如:

a + b>c - d

x>3/2

´a´ + 1<c

- i - 5 * j == k + 1

都是合法的关系表达式。在关系表达式的一般形式中,表达式也可以是关系表达式,因此也允许出现嵌套的情况。

　　在关系表达式中,运算符<,<=,>,>=的优先级高于运算符==,! =的优先级,而在一个运算符两侧的运算符优先级相同时,结合性是自左至右。

　　由于计算机中,数值是以二进制形式保存,数值的小数部分可能是近似值,而不是精确值,因此,对于实型数(float 型和 double 型)不能使用"=="(等于)运算符和"! ="(不等于)运算符来进行关系运算。

　　当关系运算符两边值的类型不一致时,如一边是实型数,一边是整型数,则系统自动将整型数转换为实型数,然后进行比较。

【例 2 - 9】　求各种关系运算符的值。

```
#include "stdio.h"
main()
{
    char c = ´k´;
    int i = 1,j = 2,k = 3;
    float x = 3e + 5,y = 0.85;
    printf("%d, %d\n",´a´ + 5<c, - i - 2 * j> = k + 1);        //输出 1,0
    printf("%d, %d\n",1<j<5,x - 5.25< = x + y);               //输出 1,1
    printf("%d, %d\n",i + j + k == - 2 * j,k == j == i + 5);   //输出 0,0
}
```

　　在本例中求出了各种关系运算符的值。字符变量是以它对应的 ASCII 码值参与运算的。对于含多个关系运算符的表达式,如 k==j==i+5,根据运算符的左结合性,先比较 k==j,该式不成立,其值为 0,再比较 0==i+5,也不成立,故表达式值为 0。

2.4.4　逻辑运算符及其表达式

　　关系运算符只能对单一条件进行判断,如 a>b,a<c 等,如果要在一条语句中进行多个条件的判断,如 a>b,且同时 a<c 时,就需要使用逻辑运算来完成。

1.逻辑运算符

(1)逻辑运算符。C 语言中提供了三种逻辑运算符:

　　　　&&　　逻辑与运算

　　　　‖　　逻辑或运算

　　　　!　　逻辑非运算

逻辑与运算符"&&"和逻辑或运算符"‖"均为双目运算符,具有左结合性。逻辑非运算

符"!"为单目运算符,具有右结合性。

(2)逻辑运算的规则如下所示。

a&&b:只有当 a 与 b 的值均为真(非 0)时,运算结果为真(1),否则为假(0)。

如:5>0&&4>2,由于 5>0 为真,4>2 也为真,所以相与的结果也为真。

a‖b：只有当 a 与 b 的值均为假时,运算结果为假(0),否则为真(1)。

如:5>0 ‖ 5>8,由于 5>0 为真,所以相或的结果也为真。

!a：当 a 值为真时,结果为假(0);当 a 值为假时,结果为(1)。

如:!(5>0),由于 5>0 为真,所以逻辑非的结果为假。

逻辑运算表示操作数的逻辑关系,其运算结果只能是 1 或 0,即真或假。归纳逻辑运算的规律,得到逻辑运算值列表,称为真值表,如表 2-9 所示。

表 2-9　逻辑运算真值表

a	b	a&&b	a‖b	!a	!b
非 0	非 0	1	1	0	0
非 0	0	0	1	0	1
0	非 0	0	1	1	0
0	0	0	0	1	1

2. 逻辑表达式

由逻辑运算符和运算对象构成的表达式是逻辑表达式,逻辑表达式的对象可以是 C 语言中任意合法的表达式。逻辑表达式可用于对多个条件的判断,逻辑表达式的值是式中各种逻辑运算的最后值,以"1"和"0"分别代表"真"和"假"。

逻辑表达式的格式为:

　　表达式　逻辑运算符　表达式

如：a>0 && a<=10

　　n%2 == 0 ‖ m%3 == 0

　　!(a>b)

逻辑表达式中的表达式可以又是逻辑表达式,从而组成了嵌套的情形。例如:

　　(a&&b)&&c

根据逻辑运算符的左结合性,上式也可写为:

　　a&&b&&c

【例 2-10】　输出逻辑表达式的值。

```c
#include "stdio.h"
main()
{
    int a=3,b=4,c=5,x,y;
    printf("%d ",a+b>c&&b==c);      // 0,a+b>c 的值为 1,b==c 的值为 0
    printf("%d ",a‖b+c&&b-c);       // 1,a‖b+c 的值为 1,b-c 的值为-1(非 0)
    printf("%d ",!(a>b)&&!c‖1);     // 1,!(a>b)的值为 1,!c 的值为 0
```

```
printf("%d  ",!(x=a)&&(y=b)&&0);  // 0,!(x=a)的值为 0
printf("%d  ",!(a+b)+c-1&&b+c/2);  //1,!(a+b)+c-1 的值为 4(非 0),b+c/2
                                    //的值为 6(非 0)
}
```

程序运行结果：

```
0 1 1 0 1
```

3. 逻辑运算符优先级及与其他运算符优先级的关系

当公式中含有多种类型的运算符时,必须确立不同类型运算符之间的优先级顺序。一般来说,算术、关系、逻辑运算符之间的优先级具有如下关系：

逻辑非! ＞算术运算符 ＞ 关系运算符 ＞ 逻辑与 && 和 逻辑或 || ＞ 赋值运算符

即"&&"和"||"低于关系运算符,"!"高于算术运算符,算术运算符高于关系运算符。

按照运算符的优先顺序可以得出：

a＞b && c＞d	等价于	(a＞b)&&(c＞d)
! b == c || d＜a	等价于	((! b) == c) || (d＜a)
a+b＞c&& x+y＜b	等价于	((a+b)＞c)&&((x+y)＜b)

如:计算表达式 5＞3 && 8 ＜ 4 － ! 0,其计算步骤如下：

① 计算 5 ＞ 3,逻辑值为 1。

② 计算! 0,逻辑值为 1。

③ 计算 4－1,值为 3。

④ 计算 8 ＜ 3,逻辑值为 0。

⑤ 计算 1 && 0,逻辑值为 0。

4. 逻辑运算短路特性

C 语言中,由 && 和 || 两种逻辑运算符构成的逻辑表达式求解时,并非所有的逻辑运算符都被执行,在特定的情况下会产生"短路"现象。例如：

```
a&&b&&c    //只在 a 为真时,才判别 b 的值
           //只在 a、b 都为真时,才判别 c 的值
a||b||c    //只要 a 为真,就不必判断 b 和 c 的值
           //只有 a 为假,才判断 b；a 和 b 都为假才判断 c
```

2.4.5　赋值运算符及表达式

1. 赋值运算符与赋值表达式

(1)赋值运算是用于改变变量的值。C 语言中提供了一个简单赋值运算符"＝",是双目运算符。由"＝"连接的式子称为赋值表达式。其一般形式为：

　　　　变量 = 表达式

赋值号左边必须是变量名,不能是表达式。赋值号的右边必须是 C 语言中合法的表达式。例如：

```
x = a
w = sin(a) + sin(b)
```

这里"x＝a"赋值表达式表示将变量 a 存储单元的内容赋给变量 x 所代表的存储单元,x 原有的内容被替换掉。

(2)在 C 语言中赋值符也可以组成赋值语句,按照 C 语言规定,任何表达式在其末尾加上分号就构成为语句。如:

x = 8;

a = b = c = 5;

都是赋值语句,在前面例子中我们已大量使用过。

(3)赋值表达式的功能是先计算赋值号右边表达式的值,然后将该值赋予左边的变量。赋值运算符具有右结合性。因此

a = b = c = 5

可理解为:

a = (b = (c = 5))

(4)在 C 语言中,凡是表达式可以出现的地方均可出现赋值表达式。例如:

x = (a = 5) + (b = 8)

是合法的。它的意义是把 5 赋予 a,8 赋予 b,再把 a、b 相加后,将它的和赋予 x,故 x 应等于 13。

(5)赋值运算符的优先级别只高于逗号运算符,比任何其他运算符的优先级都低。

2. 类型转换

如果赋值运算符两边的数据类型不相同,系统将自动进行类型转换,即把赋值号右边的类型换成左边的类型。具体规定如下。

①实型赋予整型,舍去小数部分。

②整型赋予实型,数值不变,但将以浮点形式存放,即增加小数部分(小数部分的值为 0)。

③字符型赋予整型,由于字符型为一个字节,而整型为四个字节,故将字符的 ASCII 码值放到整型量的低八位中,其他位为 0。整型赋予字符型,只把低八位赋予字符变量。

【例 2－11】 类型转换。

```
#include "stdio.h"
main()
{
    int a,b = 322;
    float x,y = 8.88;
    char c1 = 'k',c2;
    a = y;              //实型数赋给整型变量,a 值为 8
    x = b;              //整型数赋给实型变量,x 值为 322.0
    a = c1;             //字符型数赋给整型变量,a 值为'k'的 ASCII 码值
    c2 = b;             //整型数赋给字符型变量,c2 值为 0x42
    printf("%d,%f,%d,%c",a,x,a,c2);
}
```

本例表明了上述赋值运算中类型转换的规则。a 为整型,赋予实型量 y 值 8.88 后只取整数 8。x 为实型,赋予整型量 b 值 322,后增加了小数部分。字符型量 c1 赋予 a 变为整型。整型量 b 赋予 c2 后取其低八位成为字符型(b 的低八位为 01000010,即十进制 66,按 ASCII 码

对应于字符 B)。

3.复合的赋值运算符

在赋值符"＝"之前加上其他二目运算符可构成复合赋值符。如＋＝,－＝,＊＝,/＝,%＝,<<＝,>>＝,&＝,^＝,|＝。

构成复合赋值表达式的一般形式为:

　　　变量　双目运算符＝表达式

它等效于:

　　　变量 ＝ 变量 运算符 表达式

例如:

a＋＝5　　等价于 a＝a＋5

x＊＝y＋7　等价于 x＝x＊(y＋7)

r%＝p　　等价于 r＝r%p

表 2－10 列出 C 语言中复合赋值运算表达式与等价的赋值表达式之间的对应关系。

表 2－10　复合赋值运算符与赋值运算符的对应关系

复合赋值表达式	等价的赋值表达式	复合赋值表达式	等价的赋值表达式
a＋＝b	a＝a＋b	a－＝b	a＝a－b
a＊＝b	a＝a＊b	a/＝b	a＝a/b
a%＝b	a＝a%b	a&＝b	a＝a&b
a ｜＝b	a＝a ｜ b	a^＝b	a＝a^b
a<<＝b	a＝a<<b	a>>＝b	a＝a>>b

复合赋值符这种写法,对初学者可能不习惯,但十分有利于编译处理,能提高编译效率并产生质量较高的目标代码。

2.4.6　自增1,自减1运算符

(1)自增1运算符记为"＋＋",其功能是使变量的值自增1。自减1运算符记为"－－",其功能是使变量值自减1。

(2)自增1,自减1运算符均为单目运算,都具有右结合性。可有以下几种形式:

＋＋i　　i自增1后再参与其他运算

－－i　　i自减1后再参与其他运算

i＋＋　　i参与运算后,i的值再自增1

i－－　　i参与运算后,i的值再自减1

(3)自增1和自减1运算对象可以是整型变量,也可以是实型变量,但不能是常量或表达式。如:＋＋5,(a＋b)＋＋都是不合法的。

(4)用自增1和自减1运算符构成表达式时,既可以前缀形式出现,也可以后缀形式出现。当它们出现在较复杂的表达式或语句中时,常常难于弄清,因此应仔细分析。

　　例:j＝3;k＝＋＋j;　　　　　　//k＝4,j＝4

　　　　j＝3;k＝j＋＋;　　　　　　//k＝3,j＝4

```
j = 3;printf("%d",+ +j);     //4
j = 3;printf("%d",j++);      //3
a = 3;b = 5;c = (+ +a)* b;    //c = 20,a = 4
a = 3;b = 5;c = (a++)* b;     //c = 15,a = 4
```

(5)根据自增1,自减1运算符具有右结合性特点。所以,—i++等价于—(i++),当i＝3时,printf("%d",—i++);语句输出的结果为—3。

【例 2－12】 自增自减运算。

```
#include"stdio.h"
main()
{
  int i = 5,j = 5,p,q;
  p = (i++)+(i++)+(i++);
  q = (++j)+(++j)+(++j);
  printf("%d,%d,%d,%d",p,q,i,j);
}
```

运行结果为:

15,22,8,8

这个程序中,对P＝(i++)+(i++)+(i++)应理解为三个i相加,故P值为15。然后i再自增1,三次相当于加3,故i的最后值为8。而对于q的值则不然,q＝(++j)+(++j)+(++j)应理解为,一共有三个++j参与了运算,根据加法计算原则,应先计算前两个++j,这样前两个++j在进行加法运算时,j值进行了两次自加,所以j值为7,这样前两个++j的和为14,最后与第三个++j运算,第三个++j的值为8,最终计算结果为7+7+8＝22。

2.4.7　逗号运算符及其表达式

在C语言中逗号","也是一种运算符,称为逗号运算符。其功能是把两个表达式连接起来组成一个表达式,称为逗号表达式。其一般形式为:

表达式 1,表达式 2,…,表达式 k

说明:

①逗号运算符的结合性为从左到右,因此逗号表达式将从左到右计算。先计算表达式1,然后计算表达式2,最后计算表达式 k。最后一个表达式 k 的值就是此逗号表达式的值。逗号表达式还可以嵌套。例如,逗号表达式:

(a = 3 * 5,a * 4),a+5;

先计算出a的值等于15,再进行a * 4的运算得60(但a值未变,仍为15),再进行a＋5得20,即整个表达式的值为20。

②在所有运算符中,逗号运算符的优先级最低。

③并不是在所有出现逗号的地方都组成逗号表达式,如在变量说明中,函数参数表中逗号只是用作各变量之间的间隔符。

④逗号表达式在C语言程序中用途比较少,通常只用于for循环语句中。建议读者不要随便使用逗号表达式,因为它会破坏程序的可读性。

2.4.8 条件运算符及其表达式

如果在条件语句中,只执行单个的赋值语句时,常可使用条件表达式来实现。不但使程序简洁,也提高了运行效率。

条件运算符为"?"和":",它是一个三目运算符,即有三个参与运算的量。

由条件运算符组成条件表达式的一般形式为:

表达式 1 ? 表达式 2 :表达式 3

其求值规则为:如果表达式 1 的值为真(非 0)时,求出表达式 2 的值,此时以表达式 2 的值作为整个条件表达式的值;如果表达式 1 的值为假(0)时,求表达式 3 的值,这时把表达式 3 的值作为整个条件表达式的值。

条件表达式通常用于赋值语句之中。例如条件语句:

```
if(a>b)   max = a;
else max = b;
```

可用条件表达式写为

```
max = (a>b)? a:b;
```

执行该语句的语义是:如 a>b 为真,则把 a 赋予 max,否则把 b 赋予 max。

使用条件表达式时,还应注意以下几点:

①条件运算符的运算优先级低于关系运算符和算术运算符,但高于赋值运算符。因此

```
max = (a>b)? a:b
```

可以去掉括号而写为

```
max = a>b? a:b
```

②条件运算符? 和:是一对运算符,不能分开单独使用。

③条件运算符的结合方向是自右至左。例如:

```
a>b? a:c>d? c:d
```

应理解为

```
a>b? a:(c>d? c:d)
```

这也就是条件表达式嵌套的情形,即其中的表达式 3 又是一个条件表达式。

【例 2－13】 输入一个字符,判别它是否大写字母,如果是,将它转换成小写字母;如果不是,不转换。然后输出最后得到的字符。

```
#include <stdio.h>
void main ()
{
  char ch;
  scanf("%c",& ch);
  ch = (ch>= 'A'&&  ch<= 'Z')? (ch + 32):ch;
  printf("%c\n",ch);
}
```

2.4.9　位运算符及其表达式

C 语言提供了位运算来完成对二进制数进行位运算的操作,这些运算符包括:按位与(&)、按位或(|)、按位取反(～)、按位异或(^)、左移(<<)、右移(>>)6 种。这些位运算只有"～"是单目运算,其他均为双目运算。各双目运算符与赋值运算符结合可以组成扩展的赋值运算符。位运算只能作用于 int 和 char 型数据。

1. 按位与运算

运算符"&"的功能是对参与运算的两数各对应的二进位相与。只有对应的两个二进位均为 1 时,结果位才为 1,否则为 0。参与运算的数以补码方式出现。

例如,9&5 可写算式如下:

```
     00001001        (9 的二进制补码)
 &   00000101        (5 的二进制补码)
─────────────
     00000001        (1 的二进制补码)
```

可见 9&5＝1。

按位与运算通常用来对某些位清 0 或保留某些位。例如把 a 的高八位清 0,保留低八位,可作 a&255 运算(255 的二进制数为 0000000011111111)。

【例 2-14】 按位与运算。

```c
#include <stdio.h>
main()
{
    int a = 9,b = 5,c;
    c = a&b;
    printf("a = %d\nb = %d\nc = %d\n",a,b,c);
}
```

2. 按位或运算

按位或运算符"|"的功能是对参与运算的两数各对应的二进位相或。只要对应的两个二进位有一个为 1 时,结果位就为 1。参与运算的两个数均以补码出现。

例如,9|5 可写算式如下:

```
     00001001
 |   00000101
─────────────
     00001101        (十进制为 13)可见 9|5＝13
```

【例 2-15】 按位或运算。

```c
#include <stdio.h>
main()
{
    int a = 9,b = 5,c;
    c = a|b;
    printf("a = %d\nb = %d\nc = %d\n",a,b,c);
}
```

3. 按位异或运算

按位异或运算符"∧"的功能是对参与运算的两数各对应的二进位相异或,当两对应的二进位相异时,结果为 1。参与运算数仍以补码出现,例如 9∧5 可写成算式如下:

```
      00001001
  ∧ 00000101
      00001100        （十进制为 12）
```

【例 2 - 16】　按位异或运算。

```
# include <stdio.h>
main()
{
    int a = 9;
    a = a^5;
    printf("a = % d\n",a);
}
```

4. 按位取反运算

按位取反运算符"～"的功能是对参与运算的数的各二进位按位求反。

例如,～9 的运算为:

～(0000000000001001),结果为:1111111111110110

5. 左移运算

左移运算符"<<"的功能是把"<<"左边的运算数的各二进位全部左移若干位,由"<<"右边的数指定移动的位数,高位丢弃,低位补 0。

例如:a <<4

指把 a 的各二进位向左移动 4 位。如 a=11000011(十进制 195),左移 4 位后为 00110000(十进制 48)。注意,a 的值并没有变。

6. 右移运算

右移运算符">>"的功能是把">>"左边的运算数的各二进位全部右移若干位,">>"右边的数指定移动的位数,低位丢弃,高位补 0 或补 1。

例如:a >>2

指把 a 的各二进位向右移动两位。如 a = 000001111（十进制 15）,右移两位后为 00000011(十进制 3)。

应该说明的是,对于有符号数,在右移时,符号位将随同移动。当为正数时,最高位补 0,而为负数时,符号位为 1,最高位是补 0 或是补 1 取决于编译系统的规定。很多系统规定为补 1。

【例 2 - 17】位运算举例。

```
# include <stdio.h>
main()
{
    unsigned a,b;
    printf("input a number：   ");
```

```
    scanf("%d",&a);
    b = a>>5;
    b = b&15;
    printf("a = %d\tb = %d\n",a,b);
}
```

2.4.10　运算中数据类型的自动和强制转换

1. 各类型数据之间的混合运算

整型(包括 int、short、long)和实型(包括 float、double)数据可以混合运算,另外字符型数据和整型数据可以通用,因此,整型、实型、字符型数据之间可以混合运算。

例如:表达式 $10+'a'+1.5-8765.1234*'b'$ 是合法的。

在进行运算时,不同类型的数据先转换成同一类型,然后才进行计算,转换的方法有两种:自动转换(隐式转换)和强制转换。自动转换发生在不同数据类型的数据混合运算时,由编译系统自动完成。类型自动转换的规则如图2-7所示。

自动转换遵循以下规则:

①参与运算数据的类型不同,则先转换成同一类型,然后进行运算。

②图中纵向的箭头表示当运算对象为不同类型时转换的方向。可以看到箭头由低级别数据类型指向高级别数据类型。即按数据长度增加的方向进行,保证精度不降低。如int 型和 long 型运算时,先把 int 型转成 long 型后再进行运算。

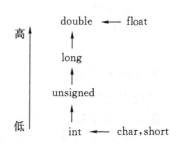

图2-7　类型自动转换的规则

③图中横向向左的箭头表示必定的转换(不必考虑其他运算对象)。如字符数据参与运算必定转化为整数,float 型数据在运算时一律先转换为双精度型,以提高运算精度(即使是两个 float 型数据相加,也先都转换为 double 型,然后再相加)。所有的浮点运算都是以双精度进行的,即使仅含 float 单精度运算的表达式,也要先转换成 double 型,再作运算。

④在赋值运算中,如赋值号两边的数据类型不同时,赋值号右边量的类型将转换为左边量的类型。如果右边量的数据类型比左边量数据类型长时,将丢失一部分数据,丢失的部分按四舍五入向前舍入,这样会降低精度。这种转换是截断型的转换。

【例2-18】 数据类型转化。

```
#include "stdio.h"
main()
{
    float PI = 3.14159;
    int s,r = 5;
    s = r * r * PI;
    printf("s = %d\n",s);
}
```

本例程序中,PI 为实型;s、r 为整型。在执行 s=r*r*PI 语句时,r 和 PI 都转换成 double 型计算,结果也为 double 型。但由于 s 为整型,故赋值结果仍为整型,舍去了小数部分。

2. 强制类型转换

强制类型转换是通过类型转换运算来实现的。其一般形式为:

　　(类型说明符)　(表达式)

其功能是把表达式的运算结果强制转换成类型说明符所表示的类型。

例如:

(int)a 　　　　　　　　将 a 的结果强制转换为整型量

(int)(x+y) 　　　　　　把 x+y 的结果转换为整型

(float) a 　　　　　　　把 a 转换为实型

(float)a+b 　　　　　　将 a 的内容强制转换为浮点数,再与 b 相加

在使用强制转换时应注意以下问题:

①类型说明符和表达式都必须加括号(单个变量可以不加括号),如把(int)(x+y)写成 (int)x+y,则成了把 x 转换成 int 型之后再与 y 相加了。

②无论是强制转换或是自动转换,都只是为了本次运算的需要而对变量的数据长度进行 的临时性转换,而不改变数据说明时对该变量定义的类型。

【例 2-19】 强制类型转换。

```
#include "stdio.h"
main()
{
    float f = 5.75;
    printf("(int)f = %d\n",(int)f);     //将 f 的结果强制转换为整型,输出
    printf("f = %f\n",f);               //输出 f 的值
}
```

运行结果:

(int)f = 5

f = 5.750000

本例表明,f 虽强制转为 int 型,但只在运算中起作用,是临时的,而 f 本身的类型并不改 变。因此,(int)f 的值为 5(删去了小数)而 f 的值仍为 5.75。

2.5　小　结

本章主要介绍了以下内容:

(1)C 语言使用的基本字符、标识符的规定和所使用的关键字。

(2)C 语言的基本数据类型:整型数据、实型数据和字符型数据的常量和变量定义格式,以 及可以用作这些数据类型的各种运算符及表达式。

(3)通过实例开始试着使用数据类型、变量和表达式,来编写一个简单的程序,当然只能编 写只有一个 main 函数的程序。

习　题

1. C语言为什么对所使用的变量要规定"先定义,后使用"? 这样做有什么好处?

2. 将下面的数学表达式写成C语言的表达式。

(1) $V = \dfrac{4}{3}\pi r^3$; (2) $R = \dfrac{1}{\dfrac{1}{R_1} + \dfrac{1}{R_2}}$; (3) $y = x^3 - 3x^2 - 7$; (4) $F = G\dfrac{m_1 m_2}{R^2}$, 其中

$G = 6.637 * 10^3$; (5) $\sqrt{1 + \dfrac{\pi}{2}\tan 48°}$。

3. 设 a=6, b=4 写出下列运算符表达式的结果。

(1)b+=3　　　(2)a++　　　　　　(3)10==a+b　　(4)b=a+6

(5)a&&0　　　(6)a||b&&(a-b*a)　(7)!(a||0)　　　(8)a>=5&&b<=3

4. 输入三个字符,然后按输入的顺序输出这三个字符,并依次输出它们的 ASCII 码,最后再按照与输入字符相反的次序输出这三个字符。

5. 已知三角形的三条边 A、B、C,求三角形的面积公式为:

$$S = \sqrt{P(P-A)(P-B)(P-C)}$$

其中, $P = \dfrac{1}{2}(A+B+C)$。

写一程序输入 A、B、C 的值,计算并输出 S 的值。

6. 计算下列表达式的值。

(1)(1+3)/(2+4)+8%3;　　　　　　(2)2+7/2+(9/2*7);

(3)(int)(11.7+4)/4%4;　　　　　　(4)2.0*(9/2*7)。

7. 阅读程序,写出输出结果。

(1) # include <stdio.h>

```
main()
{
    int a = 200,b = 010;
    Printf("%d %d\n",a,b);
}
```

程序运行后的输出结果是(　　)。

(2) # include <stdio.h>

```
main()
{
    int a = 5,b = 1,t;
    t = (a≪2)|b;printf("%d\n",t);
}
```

程序运行后的输出结果是(　　)。

(3) # include <stdio.h>

```
main()
```

```
    {
      int x = 20;
      printf("%d",0<x || x<20);
      printf("%d\n",0<x && x<20); }
```

程序运行后的输出结果是(　　)。

```
(4) #include
    main()
    {
      int k = 011;
      printf("%d\n",k++);
    }
```

程序运行后的输出结果是(　　)。

8. 编写一个程序,由用户输入一个整数和一个浮点数。程序将它们相乘并把结果存入整数变量中。打印出结果,并解释。

9. 试编写一个程序实现匀减速直线运动的位移,从键盘上输入物体运动的初速的,运动的加速度以及时间,最终将位移显示到屏幕上。

10. 选择题。

(1)以下 C 语言用户标识符中,不合法的是(　　)。

(A)_1　　　　　　(B)AaBc　　　　　(C)a_b　　　　　　(D)a——b

(2)以下选项中能表示合法常量的是(　　)。

(A)整数:1,200　(B) 实数:1.5E2.0(C) 字符斜杠:'\'(D) 字符串:"\007"

(3)若 a 是数值类型,则逻辑表达式(a==1)||(a! =1)的值是(　　)。

(A)1　　　　　　(B)0　　　　　　(C)2　　　　　　　(D)不知道 a 的值,不能确定

(4) 表达式:(int)((double)9/2)-(9)%2 的值是(　　)。

(A)0　　　　　　(B)3　　　　　　(C)4　　　　　　　(D)5

(5) 若有定义语句:int x=10;,则表达式 x-=x+x 的值为(　　)。

(A)-20　　　　　(B)-10　　　　　(C)0　　　　　　　(D)10

(6) 有以下定义语句,编译时会出现编译错误的是(　　)。

(A)char a='a'　　　　　　　　　　(B)char a='\n'

(C)char a='aa'　　　　　　　　　　(D)char a='\x2d'

(7) 设有定义:int x=2;,以下表达式中,值不为 6 的是(　　)。

(A)x *=x+1　　　　　　　　　　 (B)x++,2 * x

(C)x *=(1+x)　　　　　　　　　　(D)2 * x,x+=2

(8) 表达式 a+=a-=a=9 的值是(　　)。

(A)9　　　　　　(B)-9　　　　　(C)18　　　　　　(D)0

(9)已知 int x;float y=-3.0;执行语句:x=y%2,则变量 x 的结果是(　　)。

(A)1　　　　　　(B)-1　　　　　(C)0　　　　　　　(D)语句本身是错误的

(10)若函数中有定义语句:int k;,则(　　)

(A)系统将自动给 k 赋初值 0

(B)这时 k 中值无定义

(C)系统将自动给 k 赋初值－1

(D)这时 k 中无任何值

(11)以下选项中正确的定义语句是(　　　)。

(A)double a；b；　　　　　　　　(B)double a＝b＝7；

(C)double a＝7，b＝7；　　　　　(D)double，a，b；

(12)以下选项中可用作 C 程序合法实数的是(　　　)

(A)1e0　　　　　(B) 3.0e0.2　　　(C) E9　　　　(D) 9.12E

(13)以下选项中关于 C 语言常量的叙述错误的是(　　　)。

(A)所谓常量,是指在程序运行过程中,其值不能被改变的量

(B)常量分为整型常量、实型常量、字符常量和字符串常量

(C)常量可分为数值型常量和非数值型常量

(D)经常被使用的变量可以定义成常量

(14)若有定义语句:int a＝10;double b＝3.14;,则表达式$'A'+a+b$ 值的类型是(　　　)。

(A)char　　　　　(B)int　　　　　(C)double　　　　(D)float

第 3 章　数据的输入和输出

数据从计算机内部送到计算机外部设备（显示器，打印机）上的操作称为"输出"。从计算机外部设备（键盘，鼠标，扫描仪）将数据送入计算机内部的操作称为"输入"。

数据的输入/输出是程序的基本功能，是程序运行中与用户进行交互的基础。在程序需要输入数据时，应当提示用户进行数据的输入，程序运行结束时也应当有合适的输出方式来告诉用户程序运行的结果。本章主要介绍 C 语言数据的输入/输出功能与使用。

C 语言本身没有自己的输入/输出语句，但它提供了丰富的输入/输出标准库函数。由于标准输入/输出库函数是在头文件"stdio.h"中定义的，因此，在使用这些库函数之前，要用预编译命令 ♯include 将"头文件"包括到源文件中：

　　　♯include"stdio.h"

或：♯include ＜stdio.h＞

♯include ＜stdio.h＞是标准方式，预处理器将在 include 子目录下搜索由文件名所指明的文件。

♯include "stdio.h"首先在当前文件所在目录下搜索，如果找不到的话，再按标准方式搜索，这种方式适用于嵌入用户自己建立的头文件中。

3.1　字符数据的输出和输入

本节要介绍的函数包括字符输出函数 putchar 和字符输入函数 getchar。

3.1.1　字符输出

putchar 函数是字符输出函数，它的功能是在显示器上输出单个字符。它在 stdio.h 头文件中声明的格式为：

int putchar(int c);

其中参数 c 为一个整型值，正常结束后返回值为输出的字符，如果发生错误或者文件结束返回 EOF(End of File)；c 一般为介于 0～127 之间的十进制整数，输出对应的 ASCII 码值的字符。

例如：

putchar(65);

该语句输出的是大写字母 A，因为 A 的 ASCII 值为 65。

但是，因为 ASCII 数值难于记忆，该函数用法的一般格式为：

putchar(形式参数);

格式中的形式参数可以是字符常量、字符变量或表达式。

例如：

putchar('A');（形参是字符常量，输出大写字母 A）

putchar(x);（形参是字符变量，输出字符变量 x 的值）

putchar('\101');（形参是转义形式的字符常量，101 为 8 进制数，对应十进制为 65，也是
　　　　　　　　输出字符 A）

如果形参是控制字符，则执行控制功能，不在屏幕上显示。

例如：

putchar('\n');　　（形参是转义形式的字符常量，换行）

putchar('\t');　　（形参是转移形式的字符常量，输出 Tab）

【例 3 - 1】　输出单个字符。

```
#include <stdio.h>
main()
{
    char a = 'B',b = 'o',c = 'k';
    putchar(a);putchar(b);putchar(b);putchar(c);putchar('\t');
    putchar(a);putchar(b);putchar('\n');
    putchar(b);putchar(c);putchar('\n');
    char d = putchar('\101');putchar('\t');
    putchar(d);putchar('\n');

}
```

程序的运行结果如下：

```
    Book    Bo
    ok
    A       A
```

3.1.2　字符输入

getchar 函数是字符输入函数，它的功能是用户从键盘上输入一个字符，函数接收这个字符的输入。它在 stdio.h 头文件中声明的格式为：

int getchar(void);

它不需要参数，正常结束后返回值是一个整型值。但是，我们通常把输入的字符赋予一个字符型或整型的变量，构成赋值语句，或作为表达式的一部分参与其他的运算。如：

```
        char c;
        c = getchar();
```

【例 3 - 2】　输入单个字符。

```
#include <stdio.h>
void main()
{
    char c;
    printf("input a character\n");
```

```
    c = getchar();
    putchar(c);
}
```

程序最后两行可用下面一行代替：

```
putchar(getchar());
```

也可以用下面一行代替：

```
printf("%c",getchar());
```

使用字符输入函数时应注意：

getchar 函数只能接受单个字符，输入数字也按字符处理。输入多于一个字符时，只接收第一个字符。

3.2　格式输出和输入

上一节介绍了字符数据的输入输出函数，但是一次只能输入或者输出一个字符，使用起来很不方便，本节要介绍的格式输入输出函数，包括格式输出函数 printf 和格式输入函数 scanf，可以一次输出或者输入多个字符。

3.2.1　格式输出

printf 函数称为格式输出函数，关键字的最末一个字母 f 即为"格式"（format）之意。其功能是按用户指定的格式，把指定的数据向标准设备（屏幕）写出数据。在前面的例题中我们已多次使用过这个函数。

1. printf 函数的基本格式

printf 函数是一个标准库函数，它在头文件 stdio.h 中声明的格式如下：

int printf(char * format[,argument]…);

其中，format 为格式控制字符串，用于指定输出格式，argument 为输出项，可以有多个，用逗号","隔开。

格式控制字符串包括两部分内容：一部分是普通字符或转义序列，这些字符按原样输出，它通常用于在程序运行时给使用者有关提示信息，或对输出信息作有关的注释和说明；另一部分是格式控制字符，以"％"开始，后跟一个或几个规定字符，它在格式控制字符串中用来占位，并将在该位置用格式字符确定的格式输出列表中对应的输出项。

printf 的格式控制的完整格式是：

　　　　％ - 0 m.n l 或 h 格式字符

组成格式说明的各项加以说明：

①％：表示格式说明的起始符号，不可缺少。

②-：有-表示左对齐输出，如省略表示右对齐输出。

③0：有 0 表示指定空位填 0，如省略表示指定空位不填。

④m.n：m 指域宽，即对应的输出项在输出设备上所占的字符数。n 指精度。用于说明输出的实型数的小数位数。未指定 n 时，隐含的精度为 n=6 位。

⑤l 或 h：l 对整型指 long 型，对实型指 double 型。h 用于将整型的格式字符修正为 short

型。

　　输出项列表列出需要输出的一系列参数,可以没有。若有,其个数必须与以"%"开始格式字符串中所说明的输出参数个数一样多,各个参数之间用","分开,且顺序要一一对应,否则会出现意想不到的错误。

　　C语言中提供的格式字符如表 3-1 所示。Printf 的格式控制与后续参数的对应关系如图 3-1 所示。

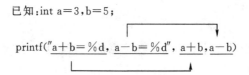

已知:int a=3,b=5;

printf("a+b=%d, a−b=%d", a+b,a−b)

图 3-1　printf 的格式控制与后续参数的对应关系

表 3-1　printf 函数中的部分格式控制字符

格式字符	意义
d,i	以十进制形式输出带符号整数(正数不输出符号)
u	以十进制形式输出无符号整数
o	以八进制形式输出无符号整数(不输出前缀 0)
x,X	以十六进制形式输出无符号整数(不输出前缀 Ox),用 x 则输出十六进制数的 a～f 小写字母输出,用 X 则输出十六进制数的 A～F 大写字母输出
f	以小数形式输出单、双精度实数,隐含输出 6 位小数
e,E	以指数形式输出单、双精度实数
g,G	以%f 或%e 中较短的输出宽度输出单、双精度实数,不输出无意义的 0。用 G 时,若以指数形式输出,则指数以大写表示
c	以字符形式输出,只输出单个字符
s	输出字符串,直到遇到"\0"。若字符串长度超过指定的精度,则自动突破,不会截断字符串
%%	输出%本身
p	输出变量的内存地址

【例 3-3】　用多个 printf 输出各个输出项。

```c
#include <stdio.h>
main()
{
    int a = 88,b = 89;
    printf("%d %d\n",a,b);
    printf("%d ,%d\n",a,b);
    printf("%c,%c\n",a,b);
```

```
    printf("a = % d,b = % d",a,b);
}
```

程序的输出结果如下：

88 89

88,89

X,Y

a = 88,b = 89

本例中四次输出了 a,b 的值,但由于格式控制串不同,输出的结果也不相同。第一次的输出语句格式控制串中,两个格式串％d 之间加了一个空格(非格式字符),所以输出的 a,b 值之间有一个空格。第二次的 printf 语句格式控制串中加入的是非格式字符逗号,因此输出的 a,b 值之间加了一个逗号。第三次的格式串要求按字符型输出 a,b 值(X 的 ASCII 值为 88,Y 的 ASCII 值为 89)。第四行中为了提示输出结果又增加了非格式字符串。

从上例可以看出,格式控制串不同,输出结果也不同。

2. Printf 函数的格式控制的完整格式

Printf 函数格式控制字符串的完整格式为：

　　　　［标志］［输出宽度］［. 精度］［长度］类型

其中方括号［］中的内容为可选项。

下面分别介绍格式中各项的意义：

①类型。类型字符用以表示输出数据的类型,其格式符和意义见表 3 – 1。

②标志。标志字符为－、＋、♯、空格四种,其意义如表 3 – 2 所示。

表 3 – 2　printf 函数中的标志字符

标　志	意　义
－	结果左对齐,右边填空格
＋	输出符号(正号或负号)
空格	输出值为正时冠以空格,为负时冠以负号
♯	对 c、s、d、u 类无影响;对 o 类,在输出时加前缀 o;对 x 类,在输出时加前缀 0x;对 e、g、f 类当结果有小数时才给出小数点
m	输出数据域宽,数据长度＜m,左补空格;否则按实际输出
. n	输出数据在域内左对齐(缺省右对齐)。对字符串,指定实际输出位数,对实数,指定小数点后位数(四舍五入)
0	输出数值时指定左面不使用的空位置自动填 0
l	在 d、o、x、u 前,指定输出精度为 long 型 在 e、f、g 前,指定输出精度为 double 型

③输出宽度。用十进制正整数来表示输出的宽度 n(例如％5d,n 代表整数 5)。若实际位数多于定义的宽度,则按实际位数输出,若实际位数少于定义的宽度,则输出时会右对齐,左边补以空格,达到指定的宽度。但是,如果标志位为"－",则输出结果将左对齐,同时右边补以

空格,达到指定宽度。

④精度。精度格式符以".",开头,后跟十进制正整数。本项的意义是:如果输出数字,则表示小数的位数;如果输出的是字符,则表示输出字符的个数;若实际位数大于所定义的精度数,则截去超过的部分。

⑤长度。长度格式符为 h,l 两种,h 表示按短整型量输出,l 表示按长整型量输出。

补充说明:

①对于 float 和 double 类型的实数,可以用"n1. n2"的形式来制定输出宽度,其中 n1 表示输出数据包括小数点的整体宽度,n2 指定小数点后的位数。

②对于整型数,若输出格式为"0n1"或者". n2"格式,则如果指定的宽度超过实际输出数据的宽度,输出时将会右对齐,左边补"0"。

【例 3 - 4】 输出数据,并且控制数据的对齐形式、小数点后数字位数、八进制形式输出、字符串输出宽度等。

```
# include ˝stdio. h˝
main( )
{
    int a = 32,b = 57;
    float x = 7. 876543,y = - 345. 123;
    char c = ´a´;
    long l = 1234567;
    printf(˝% d% d\n˝,a,b);
    printf(˝% - 3d% 3d\n˝,a,b);              // 左对齐输出 a 的值,右对齐输出 b 的值
    printf(˝% 05d,% . 3d\n˝,a,b);            //右对齐输出 a 的值,右对齐输出 b 的值,
                                               左边补"0"
    printf(˝% 8. 2f,% 8. 2f,% . 4f,% . 4f\n˝,x,y,x,y);   // 数据 x 的输出占 8 位,小数
                                               点后取两位,右对齐等
    printf(˝% e,% 10. 2e\n˝,x,y);            // 按指数形式输出 x 的值等
    printf(˝% c,% d,% o,% x\n˝,c,c,c,c);     // 输出字符´a´,字符´a´的 ASCII 码等
    printf(˝% ld,% lo,% x,% d\n˝,l,l,l,l);
    printf(˝% s,% 5. 3s\n˝,˝CHINESE˝,˝CHINESE˝); //输出字符串˝CHINESE˝和字符串的前
                                               3 个字符
}
```

输出结果:

```
3257
32   57
00032,057
     7. 88, - 345. 12,7. 8765, - 345. 1230
7. 876543e + 00,    - 3. 45e + 002
a,97,141,61
1234567,4553207,12d687,1234567
```

CHINESE,　CHI

从上面的例子可以看出输出的格式控制是很复杂的,除了可以控制数据按十进制、八进制、十六进制整型输出,或者按浮点型、字符型输出,还可以控制数据输出对齐的方式(左对齐或右对齐)、实数输出的格式等,需要认真掌握。

使用 printf 函数时还要注意输出项列表中的求值顺序。不同的编译系统不一定相同,可以从左到右,也可从右到左。Visual C++是按从右到左进行的。请看下面两个例子。

【例 3 - 5】　一个 printf 中有多个输出项时的求值顺序。

```
#include"stdio.h"
main()
{
    int i = 8;
    printf("%d,%d,%d,%d,%d,%d\n",++i,--i,i++,i--,-i++,-i--);
}
```

程序的运行结果是:

　　8,7,8,8,-8,-8

【例 3 - 6】　用多个 printf 输出各个输出项。

```
#include"stdio.h"
main()
{
    int i = 8;
    printf("%d,",++i);
    printf("%d,",--i);
    printf("%d,",i++);
    printf("%d,",i--);
    printf("%d,",-i++);
    printf("%d\n",-i--);
}
```

程序的输出结果是:

9,8,8,9,-8,-9

以上两个程序的区别是用一个 printf 语句输出多个数据项和用多个 printf 语句输出同样的多个输出项,从结果可以看出是不相同的。

为什么结果会不同呢? 就是因为 printf 函数对输出表中各项求值的顺序是自右至左进行的。在前一例中,先对最后一项"-i--"求值,结果为-8,此时 i 不自减,等 printf 语句执行完以后再自减 1。再对"-i++"项求值得-8,此时 i 不自加,等 printf 语句执行完以后再加 1。再对"i--"项求值得 8,此时 i 不自减,等 printf 语句执行完以后再自减 1。再求"i++"项得 8,此时 i 不自加,等 printf 语句执行完以后再加 1。再求"--i"项,i 先自减 1 后输出,输出值为 7。最后才求输出表列中的第一项"++i",此时 i 自增 1 后输出 8。

但是必须注意,求值顺序虽是自右至左,但是输出顺序还是从左至右,因此得到的结果是上述输出结果。思考:当 printf 语句执行之后,i 的值是多少?

几点说明:

(1)编译程序只检查 printf()函数的调用形式,不分析格式控制字符串,如果格式字符与输出项的类型不匹配,则不能正确输出。

(2)格式字符要用小写。

(3)格式字符与输出项个数应相同,按先后顺序一一对应。

(4)格式字符与输出项类型不一致时,自动按指定格式输出。

(5)输出的参数除常数、变量外,还可以是表达式、函数调用。

3.2.2 格式输入

1. scanf 函数的基本格式

格式输入函数 scanf 按用户指定的格式从键盘上把数据输入到指定的变量之中,是一个标准库函数,它在头文件 stdio.h 中声明的格式如下:

int scanf(char * format[,argument]…);

其中,format 为格式控制字符串,用于指定输入格式;argument 为输入项,可以有多个,用逗号","隔开。

格式控制字符串包括一个或多个以"%"开始的格式字符,在"%"后跟一个或几个规定的格式字符,它在格式字符串中用来占位,并将在该位置用格式字符确定输入数据时,按输入的顺序,将输入的数据存储到与后面的输入项列表中对应的变量存储空间中。

地址列表中是一个或多个以"&"开始的变量名列表,多个输入项之间用逗号分开。这里的"&"是 C 语言中的取地址符号,它用于获取后面所跟随的变量的内存地址,以便于将输入的数据存储到指定的地址中。

例如,&a,&b 分别表示获取变量 a 和变量 b 的地址。

这里地址就是编译系统在内存中给 a,b 变量分配的地址。在 C 语言中,使用了地址这个概念,这是与其它语言不同的。应该把变量的值和变量的地址这两个不同的概念区别开来。变量的地址是 C 编译系统分配的,用户不必关心具体的地址是多少。

例如:

　　　　a=567

这里,a 为变量名,567 是赋给变量 a 的值,&a 是变量 a 的地址。在赋值号左边 a 是变量名,不能写该变量的地址。scanf 函数在本质上也是给变量赋值,但要求写变量的地址,如 &a。& 是一个取地址运算符,&a 是一个表达式,其功能是求变量的地址。

图 3-2 给出 scanf 函数输入时的对应关系。

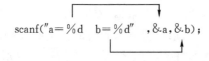

scanf("a=%d　b=%d" ,&a,&b);

图 3-2　scanf 函数输入时的对应关系

C 语言中提供的 scanf 函数的格式字符如表 3-3 所示。

表 3 - 3　scanf 函数中的部分格式控制字符

格式	字符意义
d,i	输入十进制有符号整数、长整型数
u	输入十进制无符号整数、长整型数
f 或 e	输入实型数,可用小数形式或指数形式输入
o	输入以八进制表示的无符号整数、长整型数
x,X	输入十六进制表示的无符号整数、长整型数(大小写作用相同)
c	输入单个字符
s	输入字符串,将字符串送到一个字符数组中,字符串结束标志"/"作为其最后一个字符

【例 3 - 7】　格式化输入举例

```
main()
{
    int a,b,c;
    printf("input a,b,c\n");
    scanf("%d%d%d",&a,&b,&c);
    printf("a=%d,b=%d,c=%d",a,b,c);
}
```

在本例中,由于 scanf 函数本身不能显示提示串,故先用 printf 语句在屏幕上输出提示,请用户输入 a、b、c 的值。执行 scanf 语句,则退出 C 语言屏幕进入用户屏幕等待用户输入。用户输入 7　8　9 后按下回车键,此时,系统又将返回 C 语言屏幕。在 scanf 语句的格式串中由于没有非格式字符在"%d%d%d"之间作输入时的间隔,因此在输入时要用空格、TAB 键或回车键作为每两个输入数之间的间隔。如:输入时用 TAB 键

　　7 8 9
或输入时用回车键
　　7
　　8
　　9

2. scanf 函数的格式控制的完整格式

scanf 函数的格式控制的完整格式为:
　　%［*］［输入数据宽度］［长度］类型
其中有方括号［］的项为任选项。各项的意义如下:
①类型。表示输入数据的类型,其格式符和意义如表 3 - 3 所示。
②"*"符。用以表示该输入项,读入后不赋予相应的变量,即跳过该输入值。例如:
　　scanf("%d %*d %d",&a,&b);
当输入为:1　2　3 时,把 1 赋予 a,2 被跳过,3 赋予 b。
③宽度。用十进制整数指定输入的宽度(即字符数)。例如:

　　　　　scanf("％5d",&a);

　　输入:12345678

　　只把 12345 赋予变量 a,其余部分被截去。

　　又如:

　　　　　　scanf("％4d％4d",&a,&b);

　　输入:12345678

　　将把 1234 赋予 a,而把 5678 赋予 b。

　　④长度。长度格式符为 l 和 h,l 表示输入长整型数据(如％ld)和双精度浮点数(如％lf)。h 表示输入短整型数据。

　　使用 scanf 函数还必须注意以下几点:

　　①scanf 函数中没有精度控制,如:scanf("％5.2f",&a);是非法的。不能企图用此语句输入小数为 2 位的实数。

　　②scanf 中要求给出变量地址,如给出变量名则会出错。如 scanf("％d",a);是非法的,应改为 scanf("％d",&a);才是合法的。

　　③在输入多个数值数据时,若格式控制串中没有非格式字符作输入数据之间的间隔则可用空格、TAB 或回车作间隔。C 编译在碰到空格、TAB、回车或非法数据(如对"％d"输入"12A"时,A 即为非法数据)时即认为该数据结束。

　　④在输入字符数据时,若格式控制串中无非格式字符,则认为所有输入的字符均为有效字符。

　　例如:

　　　　　　　scanf("％c％c％c",&a,&b,&c);

　　当输入为"d␣e␣f"时,则把′d′赋予′a′,′␣′赋予 b,′e′赋予 c。

　　只有当输入为"def"时,才能把′d′赋于 a,′e′赋予 b,′f′赋予 c。

　　如果在格式控制中加入空格作为间隔,如:scanf("％c ％c ％c",&a,&b,&c);则输入时各数据之间可加空格。

　　⑤如果格式控制串中有非格式字符则输入时也要输入该非格式字符。

　　例如:

　　　　scanf("％d,％d,％d",&a,&b,&c);

　　其中用非格式符","作间隔符,故输入时应为:"5,6,7"

　　又如:

　　　　scanf("a=％d,b=％d,c=％d",&a,&b,&c);

　　则输入应为:"a＝5,b＝6,c＝7"。

　　⑥如输入的数据与输出的类型不一致时,虽然编译能够通过,但结果将不正确。

　　【例 3-8】　输入的数据与输出的类型不一致。

```
# include <stdio.h>
main()
{
    float a;
    printf("input a number\n");
```

```
    scanf("%f",&a);
    printf("%d",a);
}
```

由于输入数据类型为实型,而输出语句的格式串中说明为整型,因此输出结果和输入数据不一致。

【例 3 - 9】 输入三个小写字母,输出其 ASCII 码和对应的大写字母。

```
#include <stdio.h>
main()
{
    char a,b,c;
    printf("input charactersuch as a,b,c\n");
    scanf("%c,%c,%c",&a,&b,&c);
    printf("%d,%d,%d\n%c,%c,%c\n",a,b,c,a-32,b-32,c-32);
}
```

【例 3 - 10】 输出各种数据类型的字节长度。

```
#include <stdio.h>
main()
{
    int a;
    long b;
    float f;
    double d;
    char c;
    printf("\nint:%d\nlong:%d\nfloat:%d\ndouble:%d\nchar:%d\n",sizeof(a),
        sizeof(b),sizeof(f),sizeof(d),sizeof(c));
}
```

程序的运行结果如下:

```
int:4
long:4
float:4
double:8
char:1
```

可以看出,该程序显示了不同类型数据的长度。

【例 3 - 11】 日期的输入。

```
#include <stdio.h>
main()
{
    int year,month,day;
```

```
    printf("请输入日期,输入格式为:年 - 月 - 日\n\n");
    scanf("%d - %d - %d",&year,&month,&day);
    printf("输入的日期为%d 年%d 月%d 日\n",year,month,day);
}
```

3.3　小结

(1)本章介绍了 C 语言基本的输入和输出函数,这些函数的原形是在头文件"stdio. h"中定义的,在使用之前,要用预编译命令 #include 将"头文件"包括到源文件中。

(2)printf 函数为格式输出函数,可以将所控制的结果打印到屏幕上。putchar 函数是字符输出函数,它的功能是在显示器上输出单个字符。

(3)C 语言的数据输入是由函数语句完成的,scanf 函数为格式输入函数。getchar 函数是字符输入函数,它的功能是在键盘上输入单个字符。

3.4　技术提示

(1)实型数据的精度只能用在 printf 语句中限定精度,不能出现在 scanf 语句中。

(2)大多数计算机都是用近似的方法来表示实型数的。

(3)在 scanf 语句中,在键盘上输入数据的格式必须和 scanf 中的格式一致。例如:

```
    scanf("%d, %d, %d",&a,&b,&c);
```

在键盘上各个数之间就用逗号隔开:2,3,4

```
    scanf("%d %d %d",&a,&b,&c);
```

在键盘上各个数之间就用空格隔开:2 3 4

(4)在 scanf 语句中一定要给变量取地址。例如:

```
int a;
scanf("%d",a);
```

就是错误的

应改为:scanf("%d",&a);

3.5　编程经验

(1)#include "stdio. h"命令后不能使用分号结束。

(2)在 scanf 语句中一定要给变量取地址。

(3)printf 函数或 scanf 函数调用时,格式控制与输出项表列/地址表列类型和数量必须一致。

(4)不能对一个算术表达式取地址。

(5)在用 printf 函数打印单引号、双引号、反斜杆时,在这些字符前面利用反斜杆构成转义字符。

习题

1.阅读程序并给出输出结果。

(1) ♯ include <stdio.h>

```
main()
{ int a = 1, b = 0;
  printf ("%d,", b = a + b);
  printf ("%d\n", a = 2 * b);
}
```

程序运行后的输出结果是(1,2)

(2) ♯ include <stdio.h>

```
main()
{ char c1,c2;
c1 = 'A' + '8' - '4';
c2 = 'A' + '8' - '5';
printf("%c,%d\n",c1,c2);
}
```

已知字母 A 的 ASCII 码为 65,程序运行后的输出结果是(E,68)

(3) ♯ include <stdio.h>

```
main()
{ char a[20] = "How are you?",b[20];
scanf("%s",b); printf("%s %s\n",a,b);
}
```

程序运行时从键盘输入:How are you? <回车>

则输出结果为 (How are you? How)

(4)请用下列程序输入各种类型的数据,并查看它们的运行结果。

```
♯ include <stdio.h>
main()
{
    int a,b;
    char ch;
    long L;

    printf("please input a number and a character like this \"12,c\"\n");
    scanf("%d,%c",&a,&ch);
    printf("please input a number small than 1000\n");
    scanf("%3d",&b);
    printf("input a long int data:");
```

```
        scanf("% ld",&L);
        printf("a = % d * * b = % d * * ch = ´% c´ * * L = % ld\n",a,b,ch,L);
    }
```

2.编写程序

(1)编写一个程序,从键盘上输入 3 个数,求其和并输出。

(2)编写一个程序,从键盘输入圆半径,输出圆周长和圆面积。

3.选择题

(1)以下不能输出字符 A 的语句是(注:字符 A 的 ASCII 码值为 65,字符 a 的 ASCII 码值为 97)(　　　)。

　　(A) printf("%c\n",'a'−32);　　　　　　(B) printf("%d\n",'A');

　　(C) printf("%c\n",65);　　　　　　　　(D) printf("%c\n",'B'−1);

(2)若有定义语句:double x,y, * px, * py, 执行了 px=&x, py=&y;之后,正确的输入语句是(　　　)。

　　(A) scanf("%f%f",x,y);　　　　　　　　(B) scanf("%f%f"&x,&y);

　　(C) scanf("%lf%le",px,py);　　　　　　(D) scanf("%lf%lf",x,y);

(3)设有以下语句 char ch1,ch2; scanf("%c%c",&ch1,&ch2);若要为变量 ch1 和 ch2 分别输入字符 A 和 B,正确的输入形式应该是(　　　)。

　　(A) A 和 B 之间用逗号间隔　　　　　　(B) A 和 B 之间不能有任何间隔符

　　(C) A 和 B 之间可以用回车间隔　　　　(D) A 和 B 之间用空格间隔

第 4 章　程序控制结构

和其他程序设计语言如 Pascal、FORTRAN 等一样,C 语言程序的执行是一条语句接一条语句按顺序执行,当需要改变执行的顺序时,可以使用控制结构来实现。从程序流程的角度来看,程序控制结构可以分为三种基本结构:顺序结构、选择结构和循环结构。这三种基本结构可以组成所有的大型程序。C 语言提供了多种语句来实现这些程序结构。一个大型程序的设计过程往往是比较复杂的,如何去设计一个程序的工程,以及怎么样按部就班地实现该程序,我们需要了解算法的基本知识。本章首先介绍了算法的基本概念,紧接着介绍了基本语句及其在基本结构中的应用,使读者对 C 语言程序有一个初步的认识,为后面各章的学习打下基础。

4.1　算法的基本概念

"算法"(algorithm)一词是从 9 世纪波斯数学家 Al-khwarizmi 的名字派生的。算法是程序设计中的重要内容,是解决问题的方法和步骤。

4.1.1　算法的概念与特征

1.算法

我们可以通过编写程序来指挥计算机完成各种任务,对于一个具体的任务,应该如何编写出合适的程序来解决问题,这就需要为程序设计一个算法。算法就是解决某一具体问题的方法和步骤。算法早就融入了人们的生活中,例如,今天到城里开会,应坐哪趟车? 如果堵车怎么办? 这中间就包含有算法。

在计算机中,算法是指为解决具体问题而采取的确定的方法和步骤,设计好了算法,就可以将它用具体的语言进行描述,最终转化为可解决问题的计算机程序。所以算法是一组定义完好且排列有序的指令集合,它可以在有限的时间内执行结束并且输出结果。因此,在编写程序之前要对问题进行充分的分析,设计解题的步骤与方法,然后根据算法编写程序。

2.算法特征

一个算法包含的操作步骤应该是有限的,也就是说,在执行若干操作步骤后,算法将结束,而且每一步都在合理的时间内完成。因此一个算法应具有以下基本特征。

(1)有限性。一个算法必须包含它所能涉及的每一种情况,并且都能够在执行有限步后结束,在这里所指的有限性必须在人们可以忍受的合理范围内,有些算法虽然可以得到最终的结果,但是消耗的时间使人们无法忍受,这样就失去了实际的意义。例如:经典的旅行商问题,如果使用穷举法,耗尽人的一生都得不到结果,这样的算法是没有实用价值的。

(2)可行性。可行性是指算法中的操作都可以通过已实现的基本运算在有限的次数内完成。

(3)确定性。确定性是指算法中的语句都必须有确切的含义,不能存在模糊的地方,即二义性。确定性保证了算法在相同输入条件下,能输出相同的结果。

(4)I/O 特性。算法必须有多个或者零个输入,输入是指算法在运行过程中所需要的数据,如算法的加工对象、初始数据、初始状态、初始条件等等。算法既然是为解决某一特定的问题而设计的,算法应至少包含一个输出量,最终输出解决问题的结果和方案。没有任何输出信息的算法是没有意义的。

(5)有效性。算法中的每一个步骤都应当能有效地执行,并得到确定的结果。若在算法中出现了不可执行的操作,如某个数除以 0,则该算法不能有效地执行。

设计算法时,必须确保所设计的算法包含以上特征。但是算法的正确性只能在算法应用到实际问题中后,根据问题的正确输出量和算法的输出量进行比较,从而得到算法的正确性与合理性。

4.1.2　算法的描述方法

一个设计好的算法需要一种语言来描述。我们可以使用自然语言来描述算法,但是用自然语言描述算法时,存在着一个问题就是人们对自然语言的描述往往会产生不同的理解。由算法的确定性特征可知,在算法的描述上,必须要求一种精确的、无歧义的描述语言对算法进行描述,这样算法才具有通用性。

算法是解决某一问题的方法和步骤。在程序设计中构成算法的基本结构有三种:顺序、选择和循环。顺序结构使得语言按先后顺序执行;选择结构使程序能进行逻辑判断,在满足条件时转去执行相应的语句;循环结构则使单调的重复运算变得简单明了。因此,在结构化程序设计中,顺序、选择和循环三种基本结构能组成任何结构的算法。

为了让算法清晰易懂,需要选择一种良好的描述方法。算法有许多种描述方法,例如自然语言法,即人们日常使用的语言描述解决问题的方法与步骤。这种描述通俗易懂,但比较繁琐,且对条件转向等描述欠直观。针对自然语言描述法的缺点,又产生了流程图、N-S 图和伪代码等描述方法。

1. 流程图

流程图又叫程序框图,是一种用图形来表示算法的描述工具。它通过指定的几何框图和流程线来描述各步骤的操作和执行过程。这种方法直观形象、逻辑清楚,容易理解,是人们使用较早,且最熟悉的一种算法描述工具。但它所占篇幅较大,流程随意转向,较大的流程图不易读懂。但初学者编写小规模的程序时,使用流程图可以使编程的思路更清晰。美国国家标准化协会 ANSI(American National Standard Institute)规定了一些常用的流程图符号,如表 4-1 所示。

表 4 - 1　流程图符号

符号	作用	符号	作用
〇（椭圆）	起始框:表示程序的起始和结束	▱（平行四边形）	输入/输出框:表示输入/输出数据
□（矩形）	处理框:表示完成某种项目的操作	↓或→	流程线:表示程序执行的方向
◇（菱形）	判断框:表示进行判断	○（圆形）	连接点:表示两段流程图的连接点

　　流程图的特点是用流程线给算法执行中的一系列步骤指定一个时间上的顺序,因此,能把程序执行的控制流程顺序表达得十分清楚。但是,由于流程线的画法比较灵活,若使用不当会使读者在流程图里转来转去而迷路,所以在画流程图时,一是要严格采用标准图形,二是要通过逐步求精来构成由少数基本结构块组成的结构化流程图。

　　在这里我们要做几点解释:

　　①流程线是有向线段。

　　②循环的界限符号要成对出现,且循环名要上下一致。

　　③在流程线上可以写明一些条件的取值。

　　用流程图描述程序的三种结构如图 4 - 1 所示。

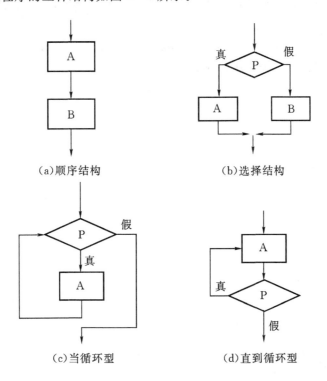

图 4 - 1　程序控制结构的流程图

2. N - S 图

　　N - S 图的名称取自其提出者 Nassi 和 Shneiderman 两个人名字的第一个字母。它是一种真正的结构化的描述方法,由于没有流程线,于是不会产生由流程线太乱而导致的错误。
N－S图描述程序的几种基本结构如图 4－2 所示。

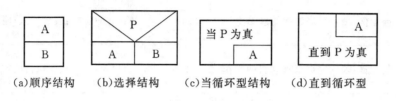

　　(a)顺序结构　　(b)选择结构　　(c)当循环型结构　　(d)直到循环型

图 4-2　程序控制结构的 N-S 图

3.伪代码

　　用流程图和 N－S 图表示算法虽然直观,但画起来费时费力、加之在设计时需反复修改,
因此,在算法设计过程中使用并不方便。为了设计算法时的方便,常使用伪代码作为描述算法
的工具。

　　伪代码(pseudo code)是介于自然语言与计算机语言之间的文字符号算法描述工具。一
般步骤如下:

　　①自顶向下,将问题描述为几个子问题或子功能,不要试图一下子就触及问题解法的细节。

　　②在子问题一级描述算法。伪代码同上面几种表示方法有着明显的区别,上面几种都是
用图形方法来描述算法,而伪代码则是借助于自然语言和计算机语言之间的文字和符号来描
述算法。

　　用伪代码来表示算法并无严格的语法规则,只要把意思表达清楚,书写格式清晰易读即
可。下面用伪代码来描述算法的几种基本结构。

　　(1)顺序型。

　　　　　　处理 A
　　　　　　处理 B

　　(2)选择型。

　　　　　　if　(P) then
　　　　　　　　A
　　　　　　else
　　　　　　　　B

　　(3)当循环型。

　　　　　　while(条件)
　　　　　　{循环体}

　　(4)直到循环型。

　　　　　　do
　　　　　　{循环体}
　　　　　　while(条件)

　　(5)多分支选择型。

　　　　　　switch(条件变量)

　　{变量取值 1;分支 1 处理

　　　变量取值 2;分支 2 处理

　　　　　…

　　　变量取值 n;分支 n 处理

　　　}

　　从上面我们不难看出,用伪代码描述算法相当于对算法进行文字性说明,可以使用人们最习惯的自然语言语句。伪代码书写格式自由,容易表达出设计者的思想。同时,用伪代码书写的算法容易修改,这就为灵活方便地描述算法以及提高可读性创造了良好的条件。

4.1.3　算法应用举例

【例 4-1】　计算 $S=\sum_{n=1}^{100} n$,写出其算法。

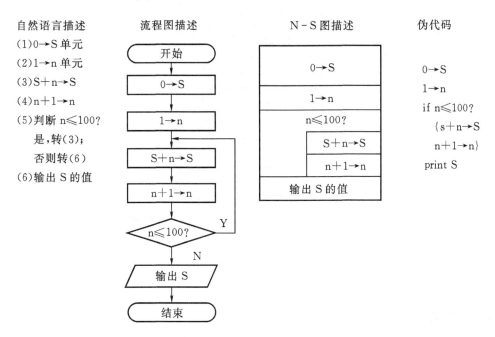

【例 4-2】　用自然语言和流程图描述算法求 $1-\dfrac{1}{2}+\dfrac{1}{3}-\dfrac{1}{4}+\dfrac{1}{5}-\cdots+\dfrac{1}{99}-\dfrac{1}{100}$ 的值。

（1）用自然语言描述。

① 定义变量 sum,用来存放和;定义变量 deno,用来存放每一项的分母;定义变量 sign,用来存放符号;定义变量 term,用来存放每一项的值。

② 将 1 赋给 sum,2 赋给 deno,将 1 赋给 sign。

③ 将 sign 的值取反,用来计算每一项的符号。

④ 求 deno 的倒数,与 sign 相乘得到每一项的值,将此值赋给 term。

⑤ 将 sum 与 term 的和赋给 sum。

⑥ deno 的值增 1。

⑦ 判断 deno 的值是否大于 100。

⑧ 如果 deno 的值小于或等于 100,返回③,进行循环。

⑨ 如果 deno 的值大于 100,结束。

(2)用流程图。

算法流程如图 4-3 所示。

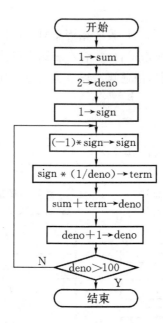

图 4-3　实现例 4-2 流程图

从例 4-2 可以看出流程图表示算法的优缺点。其优点是形象直观、表示清晰,各框之间逻辑关系清楚。缺点是流程图占篇幅较多,当算法复杂时,画流程图费时且不方便。

4.2　顺序结构

1.C 语言语句分类

C 语言语句可分为 5 类,分别是表达式语句、函数调用语句、控制语句、复合语句和空语句。

(1)表达式语句。

表达式语句由表达式加上分号“;”组成,其一般形式为:

　　　　表达式;

可以看到一个表达式的最后加一个分号就成了一个语句,执行表达式语句就是计算表达式的值。例如,以下都是表达式语句:

a = 3;

x = y + z;

i = i + + ;

y + z;

最常用的表达式语句是由赋值表达式构成的赋值语句,例如上面的前 3 个语句,而第 4 个表达式语句是加法运算语句,由于计算结果不能保留,因此没有实际意义。

(2)函数调用语句。

函数调用语句由函数名、实际参数加上分号";"组成,其一般形式为:

　　　函数名(实际参数表);

执行函数调用语句就是调用函数并把实际参数传递给函数定义中的形式参数,然后执行被调函数体中的语句,计算出函数值。例如,下面的语句调用库函数 printf,输出字符串:

printf("C Program");

(3)控制语句。

控制语句用于控制程序的流程,以实现程序的各种结构。C 语言有 9 种控制语句,可分成以下 3 类:

① 条件判断语句:if 语句、switch 语句。

② 循环执行语句:do - while 语句、while 语句、for 语句。

③ 转向语句:break 语句、goto 语句、continue 语句、return 语句。

(4)复合语句。

把多个语句用花括号"{}"括起来组成的一个语句称复合语句,在程序中应把复合语句看成是单条语句,而不是多条语句

【例 4 - 3】　复合语句中定义变量,并参与运算。

```c
#include "stdio.h"
main()
{
int x;
  x = 100;
  {                              //复合语句开始
    int x = 24;
    printf("x = %d\n",x);
  }                              //复合语句结束
  printf("x = %d\n",x);
}
```

运行结果为:

x = 24　　　(复合语句中的 x)

x = 100　　(main 函数中的 x)

注意:

①复合语句内的各条语句都必须以分号";"结尾,在右花括号"}"之后不能加分号。

②一个复合语句在语法上视为一条语句,在一对花括号中的语句数量不限。

③在复合语句中,不仅可以有执行语句,还可以有定义部分,定义部分应该出现在可执行语句的前面。

(5)空语句。

只有分号";"组成的语句称为空语句。空语句是什么也不执行的语句。

例如,下面的循环语句中用空语句作为空循环体。

```
while(getchar()! = '\n');
```

本语句的功能是,只要从键盘输入的字符不是回车就重新输入。

2. 顺序结构

顺序结构是在程序执行中,各语句是按自上而下的顺序执行的,一个操作完成后接着执行跟随其后的下一个操作,无需作任何判断。顺序控制结构的程序基本上由函数调用语句和表达式语句构成。下面通过例子来说明。

【例 4 - 4】 编写程序求 sum = a + b 的值,并画出程序的一般流程图和 N - S 结构化流程图。

```
# include "stdio.h"
main()
{
    int a,b,sum;                 // 定义变量 a、b、sum
    a = 10;
    b = 8;
    sum = a + b;
    printf("sum = % d",sum);     // 输出变量 sum 的值
}
```

程序的一般流程图和 N - S 结构化流程图,如图 4 - 4 所示。

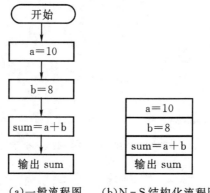

　　　(a)一般流程图　　(b)N - S 结构化流程图

图 4 - 4　顺序结构流程图

【例 4 - 5】 输入三角形的三个边长,求三角形面积。

已知三角形的三个边边长 $a、b、c$,则该三角形的面积计算公式为:

$$area = \sqrt{s(s-a)(s-b)(s-c)}$$

其中 $s = (a+b+c)/2$。

源程序如下:

```
# include <stdio.h>
# include <math.h>
main()
```

```
{
    float a,b,c,s,area;
    scanf("%f,%f,%f",&a,&b,&c);
    s = 1.0/2 * (a + b + c);
    area = sqrt(s * (s - a) * (s - b) * (s - c));          // sqrt 为求平方根函数
    printf("a = %7.2f,b = %7.2f,c = %7.2f,s = %7.2f\n",a,b,c,s);
    printf("area = %7.2f\n",area);
}
```

4.3　选择结构

选择控制结构是在程序执行中按照所给的条件,从若干可能判断中选出一种执行,实现选择控制结构的有 if 语句和 switch 语句。

4.3.1　if 语句

用 if 语句可以构成分支结构。它根据给定的条件进行判断,以决定执行某个分支程序段。C 语言的 if 语句有三种基本形式。

1. 单分支 if 语句

(1)语句形式:

　　if(表达式) 语句;

例如:

if(a<b){t = a;a = b;b = t;}

这里 if 是 C 语言的关键字,在其后的一对圆括号中的表达式可以是 C 语言中任意合法的表达式。表达式之后是一条语句,称为 if 子句。若该子句中含有多条语句,则必须使用复合语句,即用花括号括起来,因为复合语句可以看成是“一条语句”。

(2)if 语句执行过程。

执行 if 语句时,首先计算紧跟在 if 后面的一对圆括号中的表达式的值,如果表达式的值为真(非 0)时,则执行其后的 if 子句,然后去执行 if 语句后的下一条语句;否则跳过 if 子句,直接执行 if 语句后的下一条语句。其执行过程表示如图 4 - 5(a)所示。

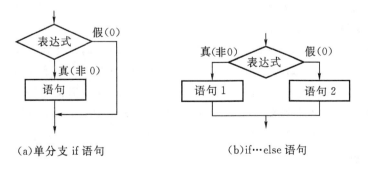

(a)单分支 if 语句　　　　　(b)if…else 语句

图 4 - 5　if 语句流程图

【例 4 - 6】   编写程序求 a、b 两个数中较大的数,并画出程序的一般流程图和 N - S 结构化流程图。

```
#include "stdio.h"
main()
{
    int a = 10,b = 8,max;          // 定义变量 a、b、max。并给 a 和 b 赋值
    if(a>b) max = a;               // 如果 a 大于 b,将 a 赋给 max
    else max = b;                  // 否则将 b 赋给 max
    printf("max = %d",max);
}
```

程序的一般流程图和 N - S 结构化流程图,如图 4 - 6 所示。

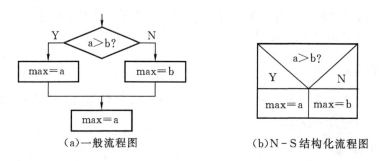

(a)一般流程图   (b)N - S 结构化流程图

图 4 - 6   选择结构流程图

【例 4 - 7】   输入三个数 a、b、c,要求按由小到大的顺序输出。

首先 a 和 b 进行比较,如果 a 大于 b,将 a 和 b 互换,b 中存放的是较大的数,a 中存放较小的数。然后 a 和 c 进行比较,如果 a 大于 c,则将 a 和 c 交换,a 中存放 a 和 c 中较小的数,此时 a 中存放的数是 a、b、c 中最小的数(a<b 且 a<c)。最后 b 和 c 进行比较,将最大的数存放到 c 中,此时 a<b<c,然后输出 a、b、c,即按照由小到大的顺序输出 a、b、c 的值。程序实现如下:

```
#include "stdio.h"
main()
{
    float a,b,c,temp;
    printf("请输入三个实数:");
    scanf("%f%f%f",&a,&b,&c);
    if(a>b)    {temp = a;a = b;b = temp;}      // 如果 a>b,则交换 a 和 b
    if(a>c)    {temp = a;a = c;c = temp;}      // 如果 a>c,则交换 a 和 c
    if(b>c)    {temp = b;b = c;c = temp;}      // 如果 b>c,则交换 b 和 c
    printf("三个数由小到大的顺序为:%5.3f,%5.3f,%5.3f",a,b,c);
}
```

2. if - else 语句

(1)语句形式。

if - else 语句后面有两个分支,在不同的情况下可以分别执行。

if - else 的使用格式如下:

```
if(表达式)
     语句 1;
else
     语句 2;
```

这里 if 和 else 是 C 语言的关键字,"语句 1"称为 if 子句,"语句 2"称为 else 子句,这些子句只允许为一条语句,若需要多条语句,则应该使用复合语句。

请注意,这里 else 不是一条独立的语句,它只是 if 语句的一部分,即它只能与 if 配对使用,不能独立使用。

(2)执行过程。

执行 if - else 语句时,首先计算紧跟在 if 语句后面的一对圆括号中的表达式的值,如果表达式的值为真(非 0)时,则执行其后的 if 子句(语句 1),然后跳过 else 子句(语句 2),去执行 if 语句后的下一条语句;否则跳过 if 子句,去执行 else 子句,执行完后接着去执行 if 语句后的下一条语句。其执行流程如图 4 - 5(b)所示。

【例 4 - 8】　输入一个数 a,判断它是偶数还是奇数(偶数是 a%2=0)。

```
#include<stdio.h>
void main()
{
  int a;
  printf("\t input a number :");
  scanf("%d",&a);
  if(a%2==0)
    printf("\n\t%d is even \n",a);
  else
    printf(" \n\t%d is odd \n",a);
}
```

3. 多分支 if 语句

多分支 if 语句是对 if - else 语句的一种补充,简称 if - else - if 语句,它可以对多个条件进行判断,并在条件成立时执行相应的语句。

多分支 if 语句使用语句形式如下:

```
if(表达式 1)      语句 1
else if(表达式 2)  语句 2
else if(表达式 3)  语句 3
        …
else if(表达式 m) 语句 m
else   语句 n
```

其语义是:依次判断每个表达式的值,当出现某个表达式值为真时,则执行其对应的语句。然后跳到整个 if 语句之外继续执行程序。如果所有的表达式均为假,则执行最后一个语句 n。

然后继续执行后续程序。if - else - if 语句的执行流程如图 4 - 7 所示。

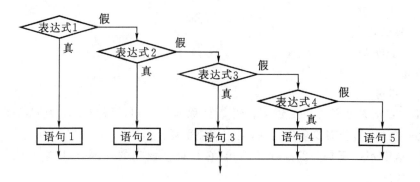

图 4 - 7　if - else - if 语句流程图

【例 4 - 9】　判断输入字符类型。

```c
#include"stdio.h"
main()
{
    char c;
    printf("input a character：");
    c = getchar();
    if(c<32)
      printf("This is a control character\n");
    else if(c>='0'&&c<='9')
      printf("This is a digit\n");
    else if(c>='A'&&c<='Z')
      printf("This is a capital letter\n");
    else if(c>='a'&&c<='z')
      printf("This is a small letter\n");
    else
      printf("This is an other character\n");
}
```

　　本例要求判别键盘输入字符的类别。可以根据输入字符的 ASCII 码来判别类别。由 ASCII 码表可知 ASCII 值小于 32 的为控制字符。在"0"和"9"之间的为数字，在"A"和"Z"之间为大写字母，在"a"和"z"之间为小写字母，其余则为其他字符。这是一个多分支选择的问题，用 if - else - if 语句编程，判断输入字符 ASCII 码所在的范围，分别给出不同的输出。如果输入为"g"，输出显示它为小写字符。

　　【例 4 - 10】　求 $ax^2+bx+c=0$ 方程的根，a、b、c 由键盘输入。并画出程序的一般流程图和 N - S 结构化流程图。

　　　令，$q=\dfrac{\sqrt{b^2-4ac}}{ac}$，$p=-\dfrac{b}{2a}$。

则一元二次方程的两个实根分别是：$x_1 = p+q, x_2 = p-q$。

求根程序的算法如图 4-8 所示。

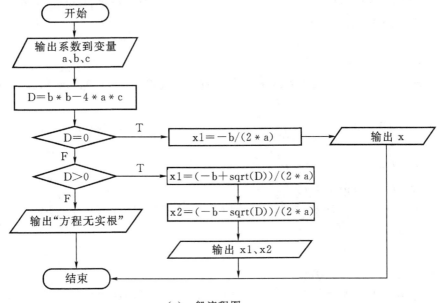

（a）一般流程图

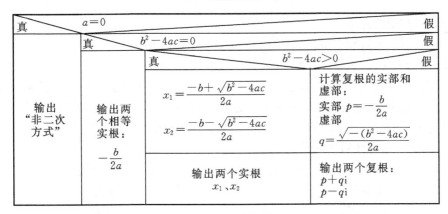

（b）N-S 结构图

图 4-8　求根算法流程图

实现源程序如下：

```c
#include <stdio.h>
#include <math.h>
main()
{
    int a,b,c;
    float D,x1,x2;
    printf("求一元二次方程的根\n\n");
```

```
    printf("请输入系数 a,b,c(用,分隔):");
    scanf("a = %db = %d,c = %d",&a,&b,&c);
    D = b * b - 4 * a * c;                        //求出△
    if (D == 0)
    {
        x1 = b / (2 * a);
        printf"方程 %dx^2 + %dx + %d = 0 有一个实根:x1 = %f\n",a,b,c,x1);
    }
    else if (D>0)                                  //判断是否有两个不同的实数根
    {
        x1 = ( - b + sqrt(D)) / (2 * a));
        x2 = ( - b - sqrt(D)) / (2 * a));
        printf"方程 %dx^2 + %dx + %d = 0 有两个不同实根:x1 = %f, x2 = %f\n",a,b,c,
        x1,x2);
    }
    else
        printf"方程 %dx^2 + %dx + %d = 0 没有实根:\n",a,b,c);
}
```

使用 if 语句中应注意的问题。

①整个 if 语句可以写在多行上,也可以写在一行上。如:

if(a>b) max = a; else max = b;

②三种形式的 if 语句中,在 if 关键字之后的括号内均为表达式。该表达式通常是逻辑表达式或关系表达式,也可以是其他类型的表达式,如赋值表达式等,甚至还可以是一个变量或常量。在判断时如果表达式的值为非 0 时,作为"真",为 0 时作为"假"。

例如,下面 if 语句的写法均为正确的。

```
if(a == b&&x == y) printf("a = b,x = y");   //表达式为逻辑表达式
if(3)  printf("OK");                          //表达式为数字常量
if('a') printf("%d",'a');                     //表达式为字符常量
```

③在 if 语句中,语句 1、语句 2……语句 n 是 if 语句的内嵌语句,每个内嵌语句之后必须加分号。

④在 if 语句的三种形式中,所有的语句应为单个语句,如果要想在满足条件时执行一组(多个)语句时,则必须把这一组语句用花括号括起来组成一个复合语句。但要注意的是在右花括号"}"之后不能再加分号,而是在这组语句中的每一条语句后加分号。

例如:

```
if(a>b)
    {a ++ ; b ++ ;}
else
    {a = 0; b = 10;}
```

⑤"if(x)"的表示等价于"if(x! =0)";"if(! x)"的表示等价于"if(x==0)"。

4. if 语句的嵌套

当 if 语句中的执行语句又是 if 语句时,则构成了 if 语句嵌套的情形。

其一般语句形式可表示如下:

(1)格式 1:在 if 子句中嵌套具有 else 子句的 if 语句。

```
    if(表达式1)
        if (表达式2) 语句1;
        else  语句2;
    else
        语句3;
```

(2)格式 2:在 if 子句中嵌套不含 else 子句的 if 语句。

```
    if(表达式1)
        {if(表达式2) 语句1;}
    else
        语句2;
```

(3)格式 3:在 else 子句中嵌套含 else 的 if 语句。

```
    if(表达式1)  语句1;
    else
        if(表达式2)  语句2;
        else  语句3;
```

(4)格式 4:在 else 子句中嵌套不含 else 子句的 if 语句。

```
    if(表达式1)  语句1;
    else
        if(表达式2)  语句2;
```

(5)格式 5:在单分支 if 子句中嵌套含 else 子句的 if 语句。

```
    if (表达式1)
      if (表达式2)
        语句1;
      else
        语句2;
```

为了避免 if 与 else 配对的二义性,C 语言规定,else 总是与它前面最近的一个 if 配对。

【例 4-11】　按格式 1 比较两个数的大小关系。

```
#include <stdio.h>
main()
{
    int a,b;
    printf("please input A,B:    ");
    scanf("%d%d",&a,&b);
    if(a!=b)
      if(a>b)  printf("A>B\n");
```

```
            else printf("A<B\n");
        else    printf("A = B\n");
}
```

本例中用了 if 语句的嵌套结构。采用嵌套结构实质上是为了进行多分支选择,实际上有
3 种选择,即 A>B、A<B 或 A=B。这种问题用 if-else-if 语句也可以完成。而且程序更加
清晰。因此,在一般情况下较少使用 if 语句的嵌套结构,以使程序便于阅读理解。

【例 4-12】 按格式 3 比较两个数的大小关系。

```
# include <stdio.h>
main()
{
    int a,b;
    printf("please input A,B:");
    scanf("%d%d",&a,&b);
    if(a == b) printf("A = B\n");
    else if(a>b)   printf("A>B\n");
        else   printf("A<B\n");
}
```

【例 4-13】 用户登录程序。

```
# include <stdio.h>
# include <string.h>
main()
{
  int pw,f;
  char user[10];                    //定义用户名字符数组
  printf(" 用户登录 \n\n");
  printf("请输入用户名:");
  scanf("%s",user);                 //输入用户名
  f = strcmp(user,"zhangpeng");     //比较输入的用户名是否是 zhangpeng,将返回值
                                    //给 f 变量
  if (f == 0)
  {
      printf("请输入密码:");
      scanf("%d",&pw);              //输入密码
      if (pw == 123)               //比较密码是否为 123(假设用户的密码为 123))
        printf("欢迎使用本程序! %s\n\n",user);
      else
      printf("密码错误! \n\n");
  }
  else
```

```
    printf("用户名错误! \n\n");
}
```

【例 4 - 14】　输入 3 个整数,输出其中的最大数和最小数。

```
#include<stdio.h>
main()
{
    int a,b,c,max,min;
    printf("请输入 3 个整型数:　　");
    scanf("%d%d%d",&a,&b,&c);
    if(a>b)
        {max = a;min = b;}
    else
        {max = b;min = a;}
    if(max<c)
        max = c;
    else
        if(min>c)
        min = c;
    printf("max = %d\nmin = %d",max,min);
}
```

本程序中,首先比较输入的 a、b 的大小,并把大数装入 max,小数装入 min 中,然后再与 c 比较,若 max 小于 c,则把 c 赋予 max;如果 c 小于 min,则把 c 赋予 min。因此 max 内总是最大数,而 min 内总是最小数。最后输出 max 和 min 的值即可。

【例 4 - 15】　有如下函数:

$$y=\begin{cases} x^2+1 & (x>0) \\ x & (x=0) \\ x & (x<0) \end{cases}$$

编写程序,输入 x 值,输出 y 值。

本例中出现了一个分段函数,一般情况下分段函数的处理要使用 if - else 的嵌套。

下面程序描述:如果 x 小于 0,则 y=x;否则如果 x 等于 0,则 y=0;否则 x 大于 0,则 y=x * x+1。

实现源程序如下:

```
#include "stdio.h"
main( )
{
    int x,y;
    printf("请输入一个整数:");
    scanf("%d",&x);
    if(x<0)   y = x;                    // 当 x<0 时,将 x 赋给变量 y
    else if(x == 0) y = 0;              // 当 x == 0 时,将 0 赋给变量 y
```

```
        else y = x * x + 1;              // 当 x>0 时,将 x * x + 1 赋给变量 y
    printf("y = % d",y);
}
```

运行结果：

　请输入一个整数:2

　y = 5

【例 4 - 16】　写一程序判断某一年是否为闰年,并画出判别闰年的 N - S 图。
判别闰年的 N - S 图见图 4 - 9。

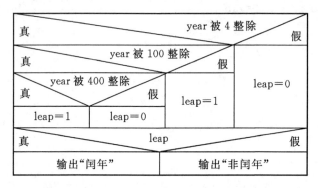

图 4 - 9　判别闰年 N - S 图

实现源程序如下：

```
# include <stdio. h>
void main()
{
    int year, leap;
    scanf("% d",&year);
    if (year % 4 == 0)
        {if (year % 100 == 0)
          {if (year % 400 == 0)  leap = 1;      //leap = 1 为闰年
            else leap = 0;}                      //leap = 0 为非闰年
          else   leap = 1;}
    else   leap = 0;
    if (leap)  printf("% d is",year);
    else   printf("% d is not",year);
    printf("a leap year. \n");
}
```

运行结果：

2011

2011 is not a leap year.

5. 条件运算符和条件表达式

前面介绍的是使用 C 语言中的 if 语句来构成程序的选择结构。C 语言还提供一个特殊的运算符——条件运算符,用条件运算符构成的条件表达式可以形成简单的选择结构。这种选择结构能以表达式的形式内嵌在允许出现表达式的地方,使得可以根据不同的条件使用不同的数据参加运算。

(1)条件运算符与条件表达式。

条件运算符为"?"和":",它是一个三目运算符,即有 3 个参与运算的量。条件运算符"?"和":"是一对运算符,不能分开单独使用。

由条件运算符组成条件表达式的一般形式为:

　　表达式 1？　　表达式 2：表达式 3

(2)条件表达式运算功能。

条件表达式求值规则为:如果表达式 1 的值为真,则求出表达式 2 的值作为整个条件表达式的值,否则求出表达式 3 的值作为整个条件表达式的值。

条件表达式通常用于赋值语句之中。

例如下面的条件语句:

```
if(a>b)  max = a;
else max = b;
```

可用条件表达式写为

```
max = (a>b)? a:b;
```

执行该语句的语义是:如 a>b 为真,则把 a 赋予 max,否则把 b 赋予 max。

(3)条件运算符的优先级。

条件运算符优先级低于关系运算符和算术运算符,但高于赋值运算符,因此,下面的语句:

```
max = (a>b)? a:b
```

可以去掉括号而写为:

```
max = a>b? a:b
```

(4)条件运算符的结合方向是自右至左。

例如:

```
a>b? a:c>d? c:d
```

应理解为

```
a>b? a:(c>d? c:d)
```

这也就是条件表达式嵌套的情形,即其中的表达式 3 又是一个条件表达式。

【例 4-17】　用条件表达式输出两个数中的大数。

```
#include <stdio.h>
main()
{
    int a,b,max;
    printf("\n input two numbers：  ");
    scanf("%d%d",&a,&b);
    printf("max = %d",a>b? a:b);
}
```

4.3.2 switch 语句

if 语句只有两个分支可供选择,而实际问题不少需要用到多个分支选择。C 语言提供了用于多分支选择的 switch 语句。

1. switch 语句

switch 语句一般形式为:

```
switch(表达式)
{
    case 常量表达式 1： 语句 1
    case 常量表达式 2： 语句 2
      …
    case 常量表达式 n： 语句 n
    default       ： 语句 n + 1
}
```

switch 语句的执行流程如图 4−10 所示。

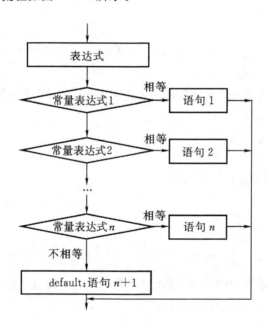

图 4−10　switch 语句的执行流程图

说明:

①switch 是 C 语言的关键字,switch 后面括弧内的"表达式"的值只能是整型或字符型。常量表达式的类型必须与 switch 语句中的表达式的类型一致。

②switch 下面的花括号内是一个复合语句,它是 switch 语句的语句体。语句体内含有多个以关键字 case 开头的语句行和最多一个以 default 开头的语句行。case 后面一定要跟一个常量(或常量表达式),起标号作用。在 case 后的各常量表达式的值不能相同,否则会出现错误。

③执行 switch 语句时,先计算 switch 后面表达式的值,然后将此值与各个 case 标号进行比较,如果这个值与某个 case 标号中的常量相同时,switch 语句就转到该标号后面的语句执行。如果没有与 switch 表达式中的值相匹配的 case 常量,switch 语句就执行 default 后面的语句。

④在 case 后,允许有多个语句,可以不用{}括起来。各 case 和 default 子句的先后顺序可以变动,而不会影响程序执行结果。

⑤可以省略 default 语句,这时,switch 语句未找到与 switch 表达式中的值相匹配的 case 常量,switch 语句就跳转到它的下一条语句,即跳出 switch 语句。

2. switch 语句体中使用 break 语句

C 语言还提供了一种 break 语句,只有关键字 break,没有参数。

break 语句专用于跳出 switch 语句,它可以放在 case 语句标号之后的任何位置,通常在 case 语句最后加上 break 语句。

若省略 case 语句块中的 break,则从满足条件的 case 语句开始,逐个执行以后的 case 语句,直到 switch 语句结束或遇到一条 break 语句为止。因此,若执行完某个 case 后的语句,想要跳到 switch 语句外面,必须借助 break 语句。

若 default 语句不是最后一条语句时,如需执行完该条语句后跳出整个 switch 语句,则该语句必须加上 break。

【例 4 - 18】 成绩等级查询。

```
#include <stdio.h>
main()
{
    int n;
    printf("成绩等级查询\n\n");
    printf("请输入成绩:");
    scanf("%d",&n);
    switch(int)(n/10)          //通过 int 将 n/10 的结果强制转换为整数
    {
      case 10: printf("成绩%d等级为优秀\n",n); break;
      case 9:  printf("成绩%d等级为优秀\n",n); break;
      case 8:  printf("成绩%d等级为良好\n",n); break;
      case 7:  printf("成绩%d等级为及格\n",n); break;
      case 6:  printf("成绩%d等级为及格\n",n); break;
      default: printf("成绩%d等级为不及格\n",n); break;
    }
}
```

【例 4 - 19】 计算器程序。用户输入运算数和四则运算符,输出计算结果。

```
#include <stdio.h>
main()
{
```

```
    float a,b;
    char c;
    printf("input expression：a + ( - , * ,/)b \n");
    scanf("% f % c % f",&a,&c,&b);
    switch(c){
        case ′+′: printf("% f\n",a + b);break;
        case ′-′: printf("% f\n",a - b);break;
        case ′*′: printf("% f\n",a * b);break;
        case ′/′: printf("% f\n",a/b);break;
        default：printf("input error\n");
    }
}
```

本例可用于四则运算求值。switch 语句用于判断运算符,然后输出运算值。当输入运算符不是＋,－,＊,/时给出错误提示。

4.4　循环结构

当程序中有重复的工作要做时,就要用到循环结构。循环结构是程序中一种很重要的结构。其特点是,在给定条件成立时,反复执行某程序段,直到条件不成立为止。循环结构中,给定的条件称为循环条件,反复执行的程序段称为循环体。

C语言提供了 3 种循环语句:while 语句、do - while 语句和 for 语句。

4.4.1　while 语句

1. while 语句

while 循环结构可分为当型循环(while 语句)与(do-while 语句)直到型循环两种。前者是先进行条件判断,后者是先执行一次循环体后再进行条件判断。

while 语句的一般形式为:

　　while(表达式) 语句;

其中表达式是循环条件,语句为循环体。

2. while 循环执行过程

while 循环执行过程如下:

① 计算 while 后圆括号中表达式的值。当值为真(非 0)时,执行步骤②,当值为假(0)时,执行步骤④。

②执行循环体一次。

③转去执行步骤①。

④退出 while 循环。

while 循环的程序流程如图 4 - 11 所示。从图中可以看出,while 循环的特点是先判断,后执行。

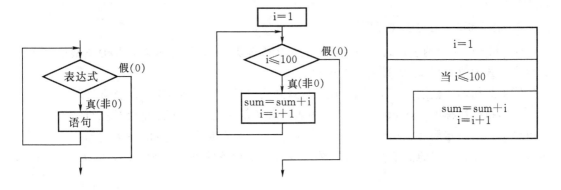

图 4-11　while 语句流程　　　　　　图 4-12　流程图和 N-S 结构流程图表示

【例 4-20】　用 while 语句计算 $1+2+3+\cdots+100$。

用传统流程图和 N-S 结构流程图表示算法,如图 4-12 所示。实现源程序如下:

```c
#include <stdio.h>
main()
{
    int i = 1,sum = 0;     //变量 i 为循环变量,其初值为 1,sum 的初值为 0
    while(i< = 100)        //i< = 100 为循环条件,100 为循环终值,当 i>100 时不执行
                          //循环体
    {                     //循环体开始
       sum = sum + i;     //进行 1+2+3+…+100 操作
       i++ ;              //循环变量增值,i 值每次加 1
    }                     //循环体结束
    printf("%d\n",sum);   //输出 1+2+3+…+100 累加和
}
```

运行结果:

5050

【例 4-21】　统计从键盘输入一行字符的个数。

```c
#include <stdio.h>
main()
{
    int n = 0;
    printf("input a string:\n");
    while(getchar()! = '\n')
    n++ ;
    printf("%d",n);
}
```

本例程序中的循环条件为 getchar()! ='\n',其意义是,只要从键盘输入的字符不是回车就继续循环,循环体 n++完成对输入字符个数计数,从而程序实现了对输入一行字符的字

符个数计数。

3. 使用 while 语句应注意事项

①while 语句中的表达式一般是关系表达式或逻辑表达式，也可以是其他类型的表达式，只要表达式的值为真（非 0）即可继续循环。

②如果循环体包括有一个以上的语句，则必须用"{ }"括起来，组成复合语句。

③由执行过程可知，while 后圆括号中表达式的值决定了循环体是否被执行。因此，进入 while 循环后，一定要有能使此表达式变为 0 的操作，否则循环将会无限制地进行下去，成为无限循环。若此表达式的值不变，则循环体内应有在某种条件下强行终止循环的语句，如 break 等。

④当循环体需要无条件循环，条件表达式可以设为 1（恒为真）。

【例 4 - 22】　while 语句中表达式为自减类型。

```
main()
{
    int a = 0,n;
    printf("\n input n:    ");
    scanf("%d",&n);
    while (n--)
      printf("%d  ",a++ * 2);
}
```

本例程序将执行 n 次循环，每执行一次，n 值减 1。循环体输出表达式 a++ * 2 的值。该表达式等效于（a * 2;a++）。

4.4.2　do - while 语句

1. do - while 语句

在程序执行中，有时需要先执行循环体内的语句，再对输入的条件进行判断，此为直到型循环。直到型循环可使用 do - while 循环来实现。

do - while 语句的一般形式为：

```
    do {
        循环体
    }while(表达式);
```

2. do - while 语句执行过程

do - while 与 while 循环的不同在于：它先执行循环体中的语句，然后再判断表达式是否为真，如果为真则继续循环；如果为假，则终止循环。因此，do - while 循环至少要执行一次循环语句。其程序流程如图 4 - 13 所示。

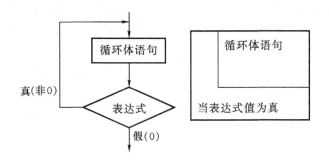

图 4 - 13　do - while 循环的流程

【例 4 - 23】　用 do - while 语句计算 $1+2+3+\cdots+100$。

用传统流程图和 N - S 结构流程图表示算法,如图 4 - 14 所示。

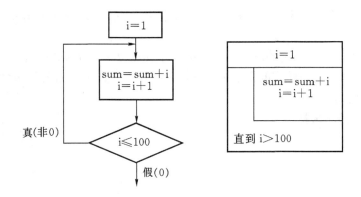

图 4 - 14　用流程图和 N - S 结构图计算 $1+2+3+\cdots+100$ 循环的流程

```c
#include<stdio.h>
main()
{
    int i,sum = 0;i = 1;
    do
    {
        sum = sum + i;
        i ++ ;
    }while(i<= 100);
    printf("% d\n",sum);
}
```

例中,循环体中有多条语句时,要用"{"和"}"把它们括起来构成复合语句。

【例 4 - 24】　用 while 和 do - while 循环计算 $1+2+3+\cdots+100$ 编程的比较。

```
# include <stdio.h>
void main()
{
    int i = 1,sum = 0;
    scanf("%d",&i);
    do
    {   sum + = i;
        i + + ;
    }while(i< = 10);
    printf("%d",sum);
}
```

```
# include <stdio.h>
void main()
{
    int i = 1,sum = 0;
    scanf("%d",&i);
    while(i< = 10)
    {   sum + = i;
        i + + ;
    }
    printf("%d",sum);
}
```

由循环程序可以得出：

凡是能用 while 循环处理，都能用 do - while 循环处理。do - while 循环结构可以转换成 while 循环结构。

在一般情况下，用 while 语句和用 do - while 语句处理同一问题时，若二者的循环体部分是一样的，它们的结果也一样。但是如果 while 后面的表达式一开始就为假(0 值)时，两种循环的结果是不同的。

【例 4 - 25】 循环选择菜单。

```
# include "stdio.h"
main()
{
    int n;
    do
    {
    printf("\n");
    printf("   ※※※※※※※※※※※※※※ \n");
    printf("   *   = = = = = = = = = = =   * \n");
    printf("   *         学生成绩统计表          * \n");
    printf("   *   = = = = = = = = = = =   * \n");
    printf("   *      1. 输入学生成绩          *\n");
    printf("   *      2. 统计平均成绩          *\n");
    printf("   *      3. 查找学生成绩          *\n");
    printf("   *      4. 修改学生成绩          *\n");
    printf("   *      5. 退出系统            *\n");
    printf("   ※※※※※※※※※※※※※※ \n");
    printf("   请输入选项(1 - 5):");
    scanf("%d",&n);
    switch(n)
    {
```

```
        case 1：printf("执行输入学生成绩程序\n"); break;
        case 2：printf("执行统计平均成绩程序\n"); break;
        case 3：printf("执行查找学生成绩程序\n"); break;
        case 4：printf("执行修改学生成绩程序\n"); break;
        case 5：printf("退出程序\n"); break;
        default：printf("输入错误！\07\n"); break;
        }
    }while(n! = 5);
}
```

本程序在执行时先显示选项菜单,提示用户输入选项,再通过 switch 语句选择执行相应的功能语句。从 switch 语句退出后,再对条件进行检查,如为真则继续循环,如为假则退出程序。

从前面的例子可以看出,do - while 循环和 while 循环的不同仅在于,在检查条件表达式之前,是否先执行一遍循环体。do - while 循环至少要执行一次循环体,而 while 循环在条件不满足的情况下有可能一次也不执行循环体。

4.4.3　for 语句

1. for 语句

在 C 语言中,for 语句使用最为灵活,它完全可以取代 while 语句。它的一般形式为：
　　for(表达式 1;表达式 2;表达式 3)
　　　　循环体；

其中表达式 1 为循环控制变量赋初值,表达式 2 为循环条件,表达式 3 为对循环变量进行改变。for 循环的程序流程如图 4 - 15 所示。

2. 执行过程

①先求解表达式 1。

②求解表达式 2,若其值为真(非 0),则执行 for 语句中指定的内嵌语句,然后执行第③步;若其值为假(0),则结束循环,转到第⑤步。

③求解表达式 3。

④转回上面第②步继续执行。

⑤循环结束,执行 for 语句下面的一个语句。

for 语句最简单的应用形式也是最容易理解的形式如下：

　　for(循环变量赋初值;循环条件;循环变量增量) 循环体

循环变量赋初值是用一个赋值语句,它用来给循环控制变量赋初值;循环条件是一个关系表达式,它决定什么时候退出循环;循环变量增量是定义循环控制变量,给出每循环一次后它按什么方式变化。这三个部分之间要用";"分开。

例如：

　　for(i = 1; i<= 100; i ++)sum = sum + i;

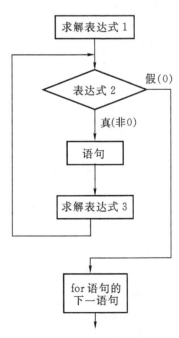

图 4 - 15　for 语句程序流程图

先给循环变量 i 赋初值 1,接着判断 i 是否小于等于 100,若是则执行循环语句体语句,之后循环变量值增加 1。再重新判断,直到条件为假,即 i>100 时,结束循环。

相当于:

```
i = 1;
while(i<= 100)
{ sum = sum + i;
  i ++ ;
}
```

对于 for 循环中语句的一般形式,就是如下的 while 循环形式:

```
表达式 1;
while(表达式 2)
{语句
表达式 3;
}
```

注意:

(1)for 循环中的"表达式 1(循环变量赋初值)"、"表达式 2(循环条件)"和"表达式 3(循环变量增量)"都是选择项,都可以缺省,但";"不能缺省。

①省略了"表达式 1(循环变量赋初值)",表示不对循环控制变量赋初值。

②省略了"表达式 2(循环条件)",则不做其他处理时便成为死循环。

例如:

```
for(i = 1;;i ++ )sum = sum + i;
```

相当于:

```
i = 1;
while(1)
{sum = sum + i;
i ++ ;}
```

③省略了"表达式 3(循环变量增量)",则不对循环控制变量进行操作,这时可在语句体中加入修改循环控制变量的语句。

例如:

```
for(i = 1;i<= 100;)
  {sum = sum + i;
  i ++ ;}          //对循环控制变量增量
```

④省略了"表达式 1(循环变量赋初值)"和"表达式 3(循环变量增量)"。

例如:

```
for(;i<= 100;)
{ sum = sum + i;
  i ++ ;}
```

相当于:

```
while(i<= 100)
```

```
{ sum = sum + i;
  i ++ ;}
```

⑤三个表达式都可以省略。

例如:for(;;)语句

相当于:while(1)语句

(2)表达式 1 可以是设置循环变量初值的赋值表达式,也可以是其他表达式。

例如:

`for(sum = 0;i<= 100;i ++ )sum = sum + i;`

(3)表达式 1 和表达式 3 可以是一个简单表达式也可以是逗号表达式。

　　`for(sum = 0,i = 1;i<= 100;i ++ )sum = sum + i;`

或:`for(i = 0,j = 100;i<= 100;i ++ ,j -- )k = i + j;`

(4)表达式 2 一般是关系表达式或逻辑表达式,但也可是数值表达式或字符表达式,只要其值非零,就执行循环体。

例如:`for(i = 0;(c = getchar())! = ´\n´;i + = c);`

该例说明:i 初始为 0,从标准输入获取一个字符,并赋值给 c,如果该字符不为"\n"[<CR>],执行循环(此处循环为空),如果获取到"\n",则跳出循环。

【**例 4 - 26**】输出菲波那切数列(Fibonacci 数列)的前 20 项。

所谓菲波那切数列是指数列最初两项的值为 1,以后每一项为前两项的和,即 1,1,2,3,5,8,13,…。在程序中变量 i1 和 i2 表示数列的前两项,用变量 i3 表示前两项的和,然后换位即可。

```c
# include ˝stdio.h˝
main()
{
  int i1 = 1,i2 = 1,i3,i;
  printf(˝\n % d  % d˝,i1,i2);
  for (i = 3;i<= 20;i ++ )
  {
    i3 = i1 + i2;
    printf(˝ % d˝,i3);
    i1 = i2;
    i2 = i3;
  }
}
```

【**例 4 - 27**】　求 100 之内的素数。

在所有的非零自然数中,除 1 和自身外没有其他因数的数叫做质数。质数又叫做素数。例如 2,3,7,11 等就是素数。比 1 大但不是素数的数称为合数。1 和 0 既非素数也非合数。

求素数源程序如下:

```c
# include <stdio.h>
main()
```

```
{
    int n,i;
    int flag;
    printf("100 之内的素数是:\n");
    for(n = 2;n<= 100;n + + )
    {
        flag = 1;                  //利用标志判断是不是质数
        for(i = 2;i<n;i + + )       //约数从 2 开始
        if(n % i == 0)
          {
            flag = 0;              //一旦有一个约数,那么就不是质数了
            break;
          }
        if (flag) printf(" % d\n",n); //printf 放到 for 里面就会打印多次
    }
}
```

4.4.4　goto 语句

goto 语句是一种无条件转移语句,goto 语句的使用格式为:

　　　goto　语句标号;

其中标号是一个有效的标识符,这个标识符加上一个":"一起出现在函数内某处,执行 goto 语句后,程序将跳转到该标号处并执行其后的语句。另外标号必须与 goto 语句同处于一个函数中,但可以不在一个循环层中。

通常 goto 语句与 if 条件语句连用,当满足某一条件时,程序跳到标号处运行。

goto 语句使用的场合不多,主要因为它将使程序结构不清晰,从而导致可读性差,通常在多层嵌套中从内层的循环体退出时,用 goto 语句则比较合适。

【例 4 - 28】　用 goto 语句和 if 语句构成循环,计算 $1+2+3+\cdots+100$。

```
#include <stdio.h>
main()
{
        int i = 1,sum = 0;
    loop: if(i<= 100)
            {sum = sum + i; i + + ; goto loop;}
        printf(" % d\n",sum);
}
```

4.4.5　循环的跳转和嵌套

1. 循环的跳转

C 语言提供了三个跳转语句:break 语句、continue 语句和 goto 语句。这几个语句的形式

比较简单,goto 语句在上节已介绍,本节仅介绍 break 语句和 continue 语句。

(1)break 语句

break 语句用在循环体和 switch 语句中。break 用于 switch 语句中时,可使程序跳出 switch 而执行 switch 以后的语句。

break 语句用于 do‐while、while、for 循环语句中时,可使程序终止循环而执行循环后面的语句。

【例 4‐29】　在循环体中使用 break 语句。

```c
#include "stdio.h"
main()
{
    int i = 0;
    char c;
    while(1)                    //设置循环
    {
        c = '\0';               //变量赋初值
        while(c! = 13&&c! = 27) //键盘接收字符直到按回车键或 Esc 键
        {
            c = getchar();
            printf("%c\n", c);
        }
        if(c == 27)
            break;              //判断若按 Esc 键则退出循环
        i++;
        printf("The No. is %d\n", i);
    }
    printf("The end");
}
```

break 用于跳出循环或者 switch 语句,不能在 if 语句中用 break 跳出当前的 if 语句。

(2)continue 语句

continue 语句的作用是跳过循环体中剩余的语句而强行执行下一次循环即跳出本次循环。

continue 语句只用在 for、while、do‐while 等循环体中,常与 if 条件语句一起使用,用来加速循环。

下面是 break 语句和 continue 语句的比较。

(1) while(表达式 1)
```
    { …
        if(表达式 2)break;
    }
```
(2) while(表达式 1)
```
    { …
        if(表达式 2) continue;
        …
    }
```

　　break 语句和 continue 语句在循环体中引起的控制转移如图 4－16 所示。

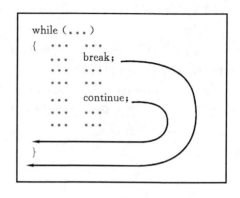

图 4－16　循环体中控制转移

【例 4－30】　continue 语句的使用。

```c
# include <stdio. h>
main()
{
    char c;
    while(c! = 13)      //不是回车符则循环
    {
        c = getch();
        if(c == 0X1B)
        continue;        //若按 Esc 键不输出便进行下次循环
        printf("%c\n", c);
    }
}
```

【例 4－31】　已知 sum＝1＋2＋3＋…＋i＋…,求 sum 大于 20 时,i 的最小值。

　　此题可以使用表达式 sum＜20 来结束循环,也可以将循环结束的判断放在循环体中,这里就要使用 break 语句。

```c
# include "stdio. h"
main( )
{
    int i = 1, sum = 0;
    while (i<10) {
        sum + = i++ ;              // sum = 1 + 2 + 3 + …
        if (sum>20)
        break;                     // 当 sum 的值大于 20 时,退出循环
    }
    printf("%d", i);
}
```

【例 4－32】　将 100～200 之间的不能被 3 整除的数输出。

　　从 100 开始,判断此数是否能被 3 整除,如果能被 3 整除,则继续寻找;如果不能被 3 整除,则输出此数。

```c
# include "stdio. h"
main( )
{
    int n;
    for(n = 100; n<= 200; n++ )
      { if(n%3 == 0)
        continue;                       // 如果 n 能被 3 整除,结束本次循环
```

```
      printf("%d  ",n);
  }
}
```

2. 循环的嵌套

一个循环体内又包含另一个完整的循环结构,称为循环的嵌套。3 种循环语句(while 语句、do - while 语句和 for 语句)可以互相嵌套。

【例 4 - 33】 在屏幕输出九九乘法表。

要输出九九乘法表,需使用二重循环,其中内层循环从 1 到 9,外层循环增 1;外层循环从 1 变化到 9 时,内层循环执行了 9 轮。

```
#include "stdio.h"
main( )
{
  int i,j;
  for(i = 1;i<= 9;i ++)
  {  for(j = 1;j<= 9;j ++)
     printf("%4d",i * j);
     printf("\n");
  }
}
```

【例 4 - 34】 给定 n 的值求和:$1+(1+2)+(1+2+3)+\cdots+(1+2+\cdots+n)$。

本例是一个数列求和,在前面的例子中介绍了数列的求和要认真观察数列项变化的规律,在此例中数列项是一个不断变化的求和,因而数列项的求取必须使用循环语句,整个数列的求和也需要一个循环,所以此例必须使用循环的嵌套。

```
#include "stdio.h"
main( )
{
  int n,i,j;
  long s1 = 0,s2 = 0;
  printf("Enter integer n:");
  scanf("%d",&n);
  for(i = 1;i<= n;i ++)
    {  s2 = 0;
       for(j = 1;j<= i;j ++)
          s2 = s2 + j;
       s1 = s1 + s2;
    }
  printf("Rseult is:%ld",s1);
}
```

4.5 小 结

(1)本章介绍了5种控制语句,其中if语句和switch语句用于实现选择结构,而while语句、do-while语句和for语句用于实现循环结构。break语句和continue语句还大大增强了C语言实现控制结构和循环控制的灵活性。

(2)任何一种循环结构都可以用while或for语句来实现,但并非所有的循环结构都能用do-while语句实现,因为do-while语句会使循环体至少被执行一次。

(3)任何一种选择结构都可以用if语句来实现,但并非所有的if语句都有等价的switch语句。switch语句只能用来实现以相等关系作为选择条件的选择结构。

4.6 技术提示

(1)swich语句中的case和default可以以任意的顺序排列,按一般的编程习惯,都把default语句放在最后。

(2)在if-else语句中尽量放置"{}",它可以使程序更加的简洁明了。

(3)对循环变量进行初始化,尽可能放在循环开始的前面。

(4)在循环中一定要仔细看清楚循环变量的初值和循环的条件,避免死循环。

4.7 编程经验

(1)在for语句中,将循环控制变量赋值、循环条件和循环控制变量增量之间是用分号分开,而不是逗号。

(2)在书写if语句、while语句、do-while语句和for语句时,即使程序段中只有一条语句,也要将这条语句用"{}"括起来,这样做不但程序阅读起来逻辑鲜明,而且当需要向程序段中增加语句时,也不要担心漏掉"{}"而造成程序出现错误。

(3)在使用if语句、while语句、do-while语句、switch语句和for语句时,要坚持先插入输入符号对,再在其中插入内容,将有效避免符号不配对的问题。

(4)在输入switch语句时,先将所有case子句以及所有的break语句输入完毕后,再输入各case子句中的内容。

(5)在嵌套的控制结构中,在每个控制语句的"}"后面增加注释信息,表明这个"}"是属于哪个控制结构语句。

(6)不要比较浮点型数据的相等性。

(7)变量在定义时初始化可以提高程序的运行效率。

(8)使用5种控制结构语句常见的错误有:

①在关系表达式中不要误用"="来表示"=="。两个关系表达式不能连用。如a>b>c应写成a>b&&b>c。

②if语句,while语句和for语句后多了";"。如表4-2所示。

表 4 - 2　while 语句和 for 语句后多";"

正　确	错　误
if (a＞b) 　a＝b；	if (a＞b)； 　a＝b；
while(a＞10) 　a－－；	while(a＞10)； 　a－－；
for(a＝1；a＜10；a++) 　b++；	for(a＝1；a＜10；a++)； 　b++；

③case 子句中后面的程序段中漏掉了 break。case 子句后面跟着变量表达式(必须跟常量表达式)。

④用","代替 for 语句中的";"。

⑤do - while 语句漏掉";"。复合语句漏掉配对的"{}"。表达式中的"()"不配对。

⑥循环语句中循环控制变量无变化而造成死循环。不初始化循环控制变量就进入循环体。

习　题

1.阅读程序并输出结果。

(1)
```
#include<stdio.h>
main()
{
    int i,j,m = 1;
    for(i = 1;i<3;i++)
    { for(j = 3;j>0;j--)
      { if(i * j>3) break;
        m = i * j;
      }
    }
    printf("m = %d\n",m);
}
```
程序运行后输出的结果是(　　)。

(2)
```
main()
{
    int t,h,m;
    scanf("%d",&t);
    h = (t/100)%12;
    if(h == 0)
      h = 12;
    printf("%d:",h);
```

```
       m = t % 100;
       if(m<10)
         printf("0");
       printf("%d",m)
       if(t<1200||t == 2400);
         printf("AM");
       else
         printf("PM");
    }
```

若运行时输入:1605<回车>,程序的运行结果为(   )。

(3) #include <stdio.h>

```
   main()
   { int a = 1,b = 2;
     for(;a<8;a++){b+ =a;a+ =2;}
     printf("%d,%d\n",a,b);
   }
```

程序运行后输出的结果是(   )。

(4)   main()

```
   {
       int i,j,k;
       char space = ' ';
       for(i = 0;i<=5;i++)
       {
         for(j = 1;j<i;j++)
           printf("%c",space);
         for(k = 0;k<=5;k++)
           printf("%c",'*');
         printf("\n");
       }
   }
```

程序运行后输出的结果是(   )。

(5) #include <stdio.h>

```
   main()
   {
     int n = 2,k = 0;
     while (k++ && n++ >2);
     printf("%d %d\n",k,n);
   }
```

程序运行后输出的结果是(   )。

(6) # include <stdio. h>

```
main()
{
   int k = 1,s = 0;
   do{
       if((k % 2)! = 0)continue;
       s + = k;k + + ;
   }while(k>10);
   printf("s = % d\n",s);
}
```

程序运行后输出的结果是(　　)。

(7) # include <stdio. h>

```
main()
{ char a = 0,ch;
  while((ch = getchar())! = '\n')
  { if(a % 2! = 0&&(ch> = 'a'&&ch< = 'z')) ch = ch - 'a' + 'A';
      a + + ; putchar(ch);
  }
  printf("\n");
}
```

若输入 1abcedf2df<回车>

程序运行后输出的结果是(　　)。

(8) # include <stdio. h>

```
main()
{
   int c = 0, k;
   for(k = 1; k<3; k + + )
   switch (k)
   { default: c + = k;
     case 2: c + + ; break;
     case 4: c + = 2; break;
   }
   printf("% d\n", c);
}
```

输出结果为(　　)。

(9) # include <stdio. h>

```
main()
{
   int a = 10,b = 5,c = 5,d = 5;
```

```
    int i = 0,j = 0,k = 0;
    for(;a<b; ++b)
      i ++ ;
    while(a> ++c)
      j ++ ;
    do
      k ++ ;
    while(a>d ++ );
    printf("%d,%d,%d\n",i,j,k);
  }
```

程序运行后输出的结果是(　　)。

(10) # include <stdio. h>

```
    main()
    {
    int i = 0,j = 0,k = 0,m;
    for(m = 0;m<4;m ++ )
      switch(m)
      {
          case 0： i = m ++ ;
          case 1： j = m ++ ;
          case 2： k = m ++ ;
          case 3： m ++ ;
      }
    printf("\n%d,%d,%d",i,j,k,m);
    }
```

程序运行后输出的结果是(　　)。

2. 程序设计。

(1)从键盘输入 3 个整数,输出其中最大者。

(2)输入 4 个整数,按由小到大的顺序输出。

(3)从键盘上输入 1~7 中的某个数字,输出对应的英文星期的缩写:MON、TUE、WED、THU、FRI、SAT、SUN。

(4)从键盘上输入 3 个互不相等的实数,输出中间值的实数。

(5)输入一个整数,如果该数为 0 则输出"zero",否则判断该数的奇偶性,若为奇数则输出"odd",若为偶数则输出"even"。

(6)给出一个不多于 5 位的正整数,要求:

① 求出它是几位数;

② 分别打印出每一位数字;

③ 按逆序打印出各位数字,例如,原数为 1234,应输出 4321。

(7)输入两个正整数 m 和 n,求其最大公约数和最小公倍数。

(8)找出 1000 之内的所有完数。所谓完数是指一个数恰好等于它的各个因子之和,例如 6 的因子为 1,2,3,则 6=1+2+3,因此 6 是完数。

(9)一小球从 100 米高度自由落下,每次落地后反跳回原高度的一半,再落下,求它在第 10 次落地时,共经过多少米? 第 10 次反弹多高?

(10)求出 100~300 之间所有的素数。

(11)从输入的若干个正整数中选出最大值,用-1 作为输入的结束。

(12)求出 10~1000 之间能同时被 2,3,7 整除的数,并输出。

(13)编程打印乘法表。

(14)设计一个密码登录程序,程序中将提示用户输入用户名和密码。如果密码有误,则提示重新输入,直到输入正确或连续 3 次输入错误后退出循环,并显示相应信息。

3.选择题

(1)以下关于算法叙述错误的是(　)。

(A)算法可以用伪代码、流程图等多种形式来描述

(B)一个正确的算法必须有输入

(C)一个正确的算法必须有输出

(D)用流程图可以描述的算法可以用任何一种计算机高级语言编写成程序代码

(2)以下叙述中正确的是（　）。

(A)程序设计的任务就是编写程序代码并上机调试

(B)程序设计的任务就是确定所用的数据结构

(C)程序设计的任务就是确定所用算法

(D)以上三种说法都不完整

(3) if 语句的基本形式是:if(表达式)语句,以下关于"表达式"值的叙述中正确的是(　)。

(A) 必须是逻辑值　　　(B) 必须是整数值

(C) 必须是正数　　　　(D) 可以是任意合法的数值

(4)有以下程序

```
{int a = 1,b = 2;
    while(a<6){b + = a;a + = 2;b % = 10;}
    printf("% d, % d\n",a,b);
}
```

程序运行后的输出结果是(　)。

(A)5,11　　　　(B)7,1　　　　(C)7,11　　　　（D)6,1

(5)有以下程序:

```
{ int i = 5;
do
    { if (i % 3 == 1)
        if (i % 5 == 2)
        { printf("* % d", i); break;}
        i ++ ;
    } while(i! = 0);
```

```
        printf("\n");
   }
```

程序的运行结果是(　　　)。

(A)＊7　　　　　　(B)＊3＊5　　　　　　(C)＊5　　　　　　(D)＊2＊6

(6)以下不构成无限循环的语句或者语句组是(　　　)。

(A)n＝0；do{＋＋n；}while(n＜＝0)；

(B)n＝0；while(1){n++；}

(C)for(n＝0,i＝1；;i++) n＋＝i；

(D)while(n)；{n－－；}

(7)若 k 是 int 类型变量,且有以下 for 语句:For(k＝－1；k＜0；k++) printf(＊＊＊＊\n")；

下面关于语句执行情况的叙述中正确的是(　　　)。

(A)循环体执行一次　　　　　　(B)循环体执行两次

(C)循环体一次也不执行　　　　(D)构成无限循环

(8)有以下程序

```
#include <stdio.h>
main()
{  char c,n,A;n = '1';A = 'A';
   for(c = 0;c<6;c + +){
   if(c%2)  putchar(n + c);
   else  putchar(A + c);}
}
```

程序运行后输出的结果是 (　　　)。

(A)1B3D5F　　　　　(B)ABCDFE　　　　　(C)A2C4E6　　　　　(D)123456

(9)有如下嵌套的 if 语句

```
if(a<b)
   if(a<c) k = a;
   else k = c;
if(b<c) k = b;
   else k = c;
```

以下选项中与上述 if 语句等价的语句是(　　　)。

(A)k＝(a<b)? a:b; k＝(b<c)? b:c;

(B)k＝(a<b)? ((b<c)? a:b)((b>c)? b:c);

(C)k＝(a<b)? ((a<c)? a:c)((b<c)? b:c);

(D)k＝(a<b)? a:b;k＝(a<c)? a:c;

(10)有以下程序:

```
main()
   { int x = 1,y = 0;
   if(! x) y ++;
```

```
    else if(x == 0)
    if (x) y += 2;
    else y += 3;
    printf("%d\n",y);
}
```

程序运行后的输出结果是(   )。

(A)3   (B)2   (C)1   (D)0

第5章 数　组

至此,本书主要介绍了基本的数据类型,即整型、实型、字符型等数据类型。它们之间是独立定义的,单独占有自己的内存单元,表现不出它们之间的相关性,并且对它们的访问也是孤立的。如果我们使用这种方法来定义一个学生管理系统中的变量结构,假设该系统中有 100 个学生,每个学生有 10 门课程,这时我们最少需要定义 1000 个变量,并且每个变量的访问是独立的,这种的复杂程度是无法想象的。因此我们需要一种数据结构来描述它,使它变得简单、容易操作。C 语言为我们提供了这样一种数据结构——数组。

每个数组包含一组具有同一类型的变量,这些变量在内存中占用连续的存储单元。在程序中,这些变量具有相同的名字,但具有不同的下标,C 语言中可用 a[0],a[1]…这种形式来表示数组中连续的存储单元,称之为数组元素。在程序设计中,数组是非常有用的。

本章将依次介绍一维数组和二维数组的定义、引用、初始化及应用。

5.1　一维数组

5.1.1　数组的基本概念

1. 数组

数组是用一个名字代表顺序排列的一组数。简单变量是无序的,而数组中的单元(元素)是有排列顺序的。

2. 数组元素

在同一数组中,构成该数组的成员称为数组元素。在 C 语言中,数组用一个统一的名字来标识这些元素,这个名字称为数组名。在数组中,为了区别数组元素的不同,使用了一个序号——数组下标,来很方便地表示一个数组元素在数组中的位置。例如:

　　　　a[5]　　　代表数组 a 中顺序号为 5 的那个元素

C 语言中,数组的下标是从 0 开始的,例如有一个数组有 N 个元素,它的第一个元素的序号就为 0,第二个元素的序号就为 1,以此类推,第 N 个元素的序号就为 $N-1$。

与普通的变量一样,数组元素必须先定义再使用。在定义了一个数组后,系统就会为该数组在内存中分配一块连续的内存空间,空间的大小由数组的类型来决定。

3. 数组的维数

下标变量中下标的个数称为数组的维数。

用一个下标便可以确定它们各自所处的位置,这样的数组称为一维数组,如 a[3]。

必须用两个下标才能确定它们各自所处的位置,这样的数组称为二维数组,如 a[3][4]。

依次类推,具有 3 个下标的数组称为三维数组,具有 4 个下标的数组称为四维数组,等等。

5.1.2 一维数组的定义

当数组中每个元素只带有一个下标时,称这样的数组为一维数组。在 C 语言中使用数组时必须先进行定义。定义一维数组的语句一般形式如下:

  类型名 数组名[常量表达式],…;

在定义中,类型名是指任意一种基本数据类型或者构造数据类型;数组名是指用户自定义的数组名字,它的命名规则应符合标识符的命名规定;方括号中的常量表达式是指数据元素的个数,即数组的长度。

例如:int a[6];

这里,int 是类型名,a[6]是一维数组说明符。该语句说明:

(1)定义一个名为 a 的一维数组。

(2)方括号中的 6 说明该一维数组由 6 个元素组成,它们分别是:a[0]、a[1]、a[2]、a[3]、a[4]、a[5]。注意下标从 0 开始,不能使用数组元素 a[6]。

(3)int 类型名说明 a 数组中的每一个元素均为整型数。

(4)C 编译程序在编译时为 a 数组分配了 6 个连续的存储单元,每个单元占用 4 个字节。如图 5-1 所示。

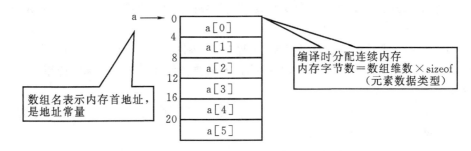

图 5-1 数组 a 在内存中开辟存储单元的示意图

对于数组定义语句的使用应注意以下几点:

①数组的类型实际上是指数组元素的取值类型。它可以是基本类型,也可以是指针、结构体或共同体类型。对于同一个数组,其所有元素的数据类型都是相同的。

②数组名不能与其他变量名相同。如 int a;int a[6];是错误的。

③一定注意数组名 a 表示数组的第一个元素 a[0]的地址,也就是数组的首地址,它是地址常量。

④C 语言编译程序为数组在内存分配连续的存储单元。

⑤定义数组时,下标不能是变量。例如:

  int n = 100;

  char ch[n];   //错误的定义方式,下标不能是变量

⑥如果定义多个相同类型的数组,可以使用逗号将它们隔开。如:

  float a[3],b[7],c;

该例定义了两个实型数组 a(含有 3 个元素)和 b(含有 7 个元素)和一个实型数 c。

⑦C 语言编译器在进行编译时,为数组连续分配地址空间,分配空间的大小为数组元素占用字节数×数组长度。

5.1.3　一维数组的引用和初始化

1. 一维数组的引用

我们对整个数组不能直接引用,只能引用数组中的各个数组元素。数组元素也是一种变量,其标识方法为数组名后加一个下标,下标表示了该元素在数组中的顺序号。引用一维数组时只能带一个下标。

一维数组元素的引用形式如下:

　　　　数组名［下标表达式］

其中方括号中的下标表达式只能为整型常量或整型表达式。

例如:

```
a[0]          //数组下标表达式为整型常量 0
a[i+j]        //数组下标表达式为整型常量表达式 i+j
a[i*2]        //数组下标表达式为整型常量表达式 i*2
```

都是合法的数组元素。

说明:

①一个数组元素实质上就是一个变量名,代表内存中的一个存储单元。一个数组占用一串连续的存储单元。

②C 语言中规定数组的下标从 0 开始(下界为 0),到数组长度减 1(上界)结束。C 语言的编译器不对数组的越界问题进行检查,所以编程人员要特别注意数组下标的使用,保证数组下标不越界。

③在使用数组元素之前必须先定义该数组。在 C 语言中只能逐个的使用下标变量,而不能使用数组名和一次性的引用该数组。

④在引用数组元素的时候,必须使用"［ ］",称为下标运算符,它是优先级别最高的运算符之一。

⑤在定义数组时,下标不能使用变量,但是在引用时下标可以使用变量。

⑥对已经定义的数组 a,数组名 a 表示该数组的第一个元素 a[0]的地址,也就是数组的首地址,它不能进行改变,相当于一个地址常量。

例如,下面的引用是错误的:

```
int a[6];
printf("%d",a[6]);        //引用的数组元素越界
printf("%d",a);           //不能引用整个数组
```

下面的引用是正确的:

```
int a[10];
for(j=0;j<10;j++)
  printf("%d\t",a[j]);   //引用时下标可以使用变量
```

【例 5-1】　数组元素的引用。

```
#include<stdio.h>
```

```
void main()
{
    int i, a[10];
    for (i = 0;i <= 9;i++)
      a[i] = i;
    for (i = 9;i >= 0;i--)
      printf ("%d",a[i]);
}
```

运行结果：

输入：0123456789

输出：9876543210

【例 5 - 2】　输入 5 个同学的成绩，计算其平均成绩。

如果按照以前使用变量的处理方式，可以使用 5 个变量分别存储 5 个学生的成绩，然后计算其平均成绩。现在可以使用一个含有 5 个元素的数组存储 5 个学生的成绩，然后求 5 个元素的平均值。

```
#include "stdio.h"
main( )
{
    float score[6];                         //定义单精度数组 score,有 6 个元素
    int i;
    for(i = 0;i < 5;i++)
    {
        printf("Please input the %d score:",i+1);      // 提示输入 5 个人的成绩
        scanf("%f",&score[i]);
    }
    score[5] = 0;                           // score[5]中放平均成绩,所以先清 0
    for(i = 0;i < 5;i++)
      score[5] += score[i];                 // 求成绩之和
    score[5]/ = 5;                          // 求平均成绩
    printf("The aver is:%f",score[5]);
}
```

2. 一维数组的初始化

当定义一个数组时，系统为其在内存中开辟一段连续的存储单元，这些存储单元中并没有确定的值。C 语言允许在定义数组的同时给出数组元素的初始赋值，称为数组的初始化。数组的初始化是在编译阶段进行的，这样可减少程序的运行时间。

一维数组初始化赋值的一般形式为：

　　　　数组名[常量表达式] = {值,值,…,值};

在"{}"中的各数据值即为各元素的初值，各值之间用逗号间隔。

一维数组的初始化的几种方法：

(1)在定义数组时对全部元素赋初值。

如:int a[5]={1,2,3,4,5};

等价于:a[0]=1;a[1]=2;a[2]=3;a[3]=4;a[4]=5;

注意:切不可以写为:int a[3]={1,2,3,4,5};

当所赋初值比所定义的数组元素个数多时,在编译时将给出出错信息。

(2)可以只给一部分元素赋初值。

当{ }中值的个数少于元素个数时,只给前面部分元素赋值,后面的值自动取0。

如:int a[5]={6,2,3};

等价于:a[0]=6;a[1]=2;a[2]=3;a[3]=0;a[4]=0;

(3)如果想使一个数组中所有元素值都相同(赋相同值),必须给元素逐个赋值,不能给数组整体赋值。

如:int a[10]={1,1,1,1,1,1,1,1,1,1};

而不能写成:int a[10]=1;

(4)在对全部数组元素赋初值时,可以不指定数组长度。

如:int a[ ]={ 0,1,2,3,4,5,6,7,8,9 };

系统会自动将数组长度定义为10。

若被定义数组长度与提供初值个数不相同,则数组长度千万不能省略。

(5)如未给 static 数组赋初值,则全部元素均为零。

如:static int a[5];

等价于:a[0]=0;a[1]=0;a[2]=0;a[3]=0;a[4]=0;

【例 5-3】 在声明数组时初始化元素,并将所有元素进行输出。

```
#include "stdio.h"
main()
{
    int i,a[ ]={1,2,3,4,5,6};          //定义了一个数组a,并初始化
    printf("%s%10s\n","number","value");
    for(i=0;i<6;i++)
      printf("%6d%10d\n",i,a[i]);       //输出数组a中的各个元素
}
```

运行结果:

```
number      value
  0           1
  1           2
  2           3
  3           4
  4           5
  5           6
```

【例 5-4】 统计整型数组 a 中偶数和奇数的个数。

本例只要将数组 a 中的元素按顺序取出,然后逐个判断其是奇数还是偶数,判断的方法是

能被 2 整除的数是偶数,不能被 2 整除的数是奇数。

```c
#include "stdio.h"
main()
{
    int a[10] = { -8,43,22,75,66,54,108,99,-19,111};
    int num_odd = 0,num_even = 0;    //变量 num_odd 存放奇数的个数,num_even 存放偶数的
                                     //个数
    int i;
    for(i = 0;i<10;i++)
    {
        if(a[i] % 2 == 0) num_even++;
        else num_odd++;
    }
    printf("\neven number: % d,odd_number: % d",num_even,num_odd);
}
```

【例 5-5】 用数组处理菲波那切数列(Fibonacci 数列)前 20 项的问题。

```c
#include "stdio.h"
main()
{
    int i;
    int f[20] = {1,1};            // 定义整型数组 f,20 个元素用来存放菲波那切数列的
                                  //前 20 项
    for(i = 2;i<20;i++)
        f[i] = f[i-1] + f[i-2];   // 计算菲波那切数列的每一项
    for(i = 0;i<20;i++)
    {
        if(i % 5 == 0) printf("\n");   // 每输出 5 项,从下一行的行首输出
        printf(" % 12d",f[i]);
    }
}
```

运行结果如下:

```
        1           1           2           3           5
        8          13          21          34          55
       89         144         233         377         610
      987        1597        2584        4181        6765
```

【例 5-6】 给出一个数组,从键盘上输入其每一个值,使用冒泡排序算法进行从小到大排序输出。

冒泡排序法基本思想:设想被排序的数组 R[0..n-1]垂直竖立,将每个元素看作一个气泡。根据轻气泡不能在重气泡之下的原则,使轻气泡"漂浮",直到任何两个气泡都是轻者在

上、重者在下为止。

冒泡排序过程:

(1)比较第一个数与第二个数,若为逆序 a[0]＞a[1],则交换;然后比较第二个数与第三个数;依次类推,直至第 $n-1$ 个数和第 n 个数比较为止——第一趟冒泡排序,结果最大的数被安置在最后一个元素位置上。

(2)对前 $n-1$ 个数进行第二趟冒泡排序,结果使次大的数被安置在第 $n-1$ 个元素位置。

(3)重复上述过程,共经过 $n-1$ 趟冒泡排序后,排序结束。

冒泡排序实现过程如图 5-2 所示。

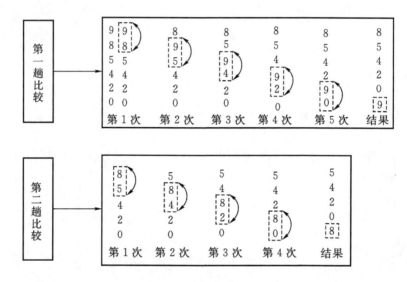

图 5-2　冒泡排序过程

如果有 n 个数,则要进行 $n-1$ 趟比较。在第 1 趟比较中要进行 $n-1$ 次两两比较,在第 j 趟比较中要进行 $n-j$ 次两两比较。冒泡排序实现流程图如图 5-3 所示。

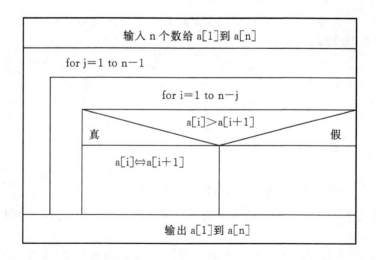

图 5-3　冒泡排序实现流程图

```
# include <stdio.h>
void main()
{
    int a[10],i,j,t;
    printf("Input 10 numbers:\n");
    for(i = 0;i<10;i++)
      scanf("%d",&a[i]);
    printf("\n");
    for(j = 0;j<=9;j++)              // j 记录正在执行的排序的遍数,由 1 变到 n-1
    {
      for(i = 0;i<9-j;i++)          // i 记录一遍处理过程中,当前数组元素下标,由
                                     //0 变到 n-j-1
        if(a[i]>a[i+1])             //如果 a[i+1]比 a[i]小
          { t = a[i];               // a[i]与 a[i+1]内容互换
            a[i] = a[i+1];
            a[i+1] = t;
          }
    }
    printf("The sorted numbers:\n");
    for(i = 0;i<10;i++)
      printf("%d ",a[i]);
}
```

【例 5-7】 用简单选择排序法对 10 个数排序。

简单选择排序法实现流程如图 5-4 所示,排序过程如下。

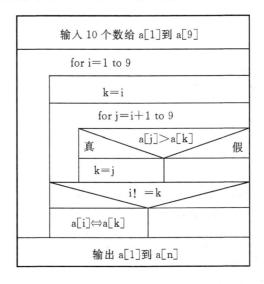

图 5-4 简单选择排序实现流程图

(1)首先通过 $n-1$ 次比较,从 n 个数中找出最小的,将它与第一个数交换——第一趟选择排序,结果最小的数被安置在第一个元素位置上。

(2)再通过 $n-2$ 次比较,从剩余的 $n-1$ 个数中找出关键字次小的记录,将它与第二个数交换——第二趟选择排序。

(3)重复上述过程,共经过 $n-1$ 趟排序后,排序结束。

```c
#include <stdio.h>
void main()
{    int a[10],i,j,k,t;
    printf("Input 10 numbers:\n");
    for(i=0;i<10;i++)                      //输入原始的数组元素
      scanf("%d",&a[i]);
    printf("\n");
    for(i=0;i<10;i++)
    {   k=i;                               //保存 i 的值,用 k 来进行循环排序。
        for(j=i+1;j<=10;j++)               //将第 i 个元素后面的元素与第 i 个元素
                                           //进行比较。
            if(a[j]<a[k])   k=j;           //如果第 k=i 个元素后面的元素小于第 i
                                           //个元素,交换两个元素的标号。
        if(i!=k)
        {   t=a[i]; a[i]=a[k]; a[k]=t;}    //交换元素的值
    }
    printf("The sorted numbers:\n");
    for(i=0;i<10;i++)                      //输出排序后的结果
      printf("%d",a[i]);
}
```

【例 5 - 8】 有一个已经排好序的数组。现输入一个数,要求按原来的规律将它插入数组中。

程序分析:首先判断此数是否大于最后一个数,然后再考虑插入中间的数的情况,插入后此元素之后的数,依次后移一个位置。

源程序:

```c
#include "stdio.h"
main()
{
    int a[11]={5,10,16,26,43,55,78,85,92,100};
    int temp1,temp2,number,end,i,j;
    printf("original array is:\n");        //逐一输出原始的数组元素
    for(i=0;i<10;i++)
      printf("%5d",a[i]);
    printf("\n");
```

```
        printf("insert a new number:");
        scanf("%d",&number);                    //输入要插入的元素
                                                //查找要插入的位置,并且插入新值

        end = a[9];
        if(number>end)
            a[10] = number;
        else
        {   for(i = 0;i<10;i++)
            {if(a[i]>number)
             break;
            }
            for(j = 9;j> = i;j--)
            {   a[j+1] = a[j];
            }
            a[i] = number;
        }
        for(i = 0;i<11;i++)
            printf("%6d",a[i]);                  //逐一输出插入后的数组元素
}
```

运行结果:

```
original array is:
5   10   16   26   43   55   78   85   92   100
insert a new number:30
5   10   16   26   30   43   55   78   85   92   100
```

5.2　二维数组

5.2.1　二维数组的定义

前面介绍了一维数组,该数组只有一个下标。但在现实生活中有很多量是二维的或多维的,例如二维的表格、数学中的矩阵等,本节只介绍二维数组。二维数组到多维数组是一个量的增加,没有质的变化,所以多维数组可以通过二维数组递推而来。

二维数组元素有两个下标,第一个是行下标,第二个是列下标。

二维数组定义的一般形式是:

　　类型名 数组名[常量表达式 1][常量表达式 2];

其中常量表达式 1 表示第一维的长度,可以看成是矩阵(或表格)的行数;常量表达式 2 表示第二维的长度,可以看成是矩阵(或表格)的列数,二维数组元素的总个数为常量表达式 1 和常量表达式 2 之积。例如:

int a[5][4];

定义了一个 5 行 4 列的整型数组,共有 20 个元素,每个元素都是整型的,它们的排列是二维的,我们可以把它看成一个矩阵,具体的排列如下:

$$a[0][0],a[0][1],a[0][2],a[0][3]$$
$$a[1][0],a[1][1],a[1][2],a[1][3]$$
$$a[2][0],a[2][1],a[2][2],a[2][3]$$
$$a[3][0],a[3][1],a[3][2],a[3][3]$$
$$a[4][0],a[4][1],a[4][2],a[4][3]$$

说明:

①二维数组中每一个元素必须有两个下标。

②与一维数组相同,二维数组定义中两个常量表达式必须是整型常量,不能是变量。

③C 语言中,二维数组中元素排列的顺序是:按行存放,即在内存中先顺序存放第一行的元素,再存放第二行的元素,依此类推。

④二维数组可以看成是一个特殊的一维数组,各个数组元素又是一个一维数组。上面的定义 a[5][4]就可以看成有 5 个元素 a[0]、a[1]、a[2]、a[3]、a[4]组成的一维数组,这一维数组中的每个元素又是一个有 4 个元素的一维数组,如 a[0]是由 a[0][0]、a[0][1]、a[0][2]、a[0][3]组成的一维数组,a[1]是由 a[1][0]、a[1][1]、a[1][2]、a[1][3]组成的一维数组,依次类推。如图 5-5 所示。

a[0]	a[0][0]	a[0][1]	a[0][2]	a[0][3]
a[1]	a[1][0]	a[1][1]	a[1][2]	a[1][3]
a[2]	a[2][0]	a[2][1]	a[2][2]	a[2][3]
a[3]	a[3][0]	a[3][1]	a[3][2]	a[3][3]
a[4]	a[4][0]	a[4][1]	a[4][2]	a[4][3]

图 5-5　二维数组中的存储结构

数组名 a 表示数组第一个单元 a[0][0]的地址,也就是数组的首地址。a[0]也表示地址,表示第 0 行的首地址,即 a[0][0]的地址;a[1]表示第 1 行的首地址,即 a[1][0]的地址;a[2]表示第 2 行的首地址,即 a[2][0]的地址等。因此可以得到下面的关系:

a = a[0] = &a[0][0]　　　　//其中 & 是取地址运算符,&a[0][0]表示元素 a[0][0]的地址

a[1] = &a[1][0]

a[2] = &a[2][0]

a[3] = &a[3][0]

a[4] = &a[4][0]

5.2.2　二维数组的引用和初始化

1. 二维数组的引用

和一维数组一样,我们对整个二维数组不能直接引用,只能引用数组中的各个元素,二维数组的元素也称为双下标变量,其表示的形式为:

　　　　数组名［行下标表达式］［列下标表达式］

　　其中［］的行下标表达式和列下标表达式都必须是整型数。

　　和一维数组一样,二维数组元素在使用之前必须先定义数组。在 C 语言中只能逐个地使用下标变量,而不能一次性的引用整个数组。

　　说明:

　　①二维数组的行下标从 0 开始(下界为 0),到数组行数减 1(上界)结束;列下标从 0 开始(下界为 0),到数组列数减 1(上界)结束。C 语言的编译器不对数组的越界问题进行检查,所以编程人员要特别注意。

　　②在引用数组元素的时候,行下标和列下标必须分别使用下标运算符“［ ］”。

　　例如:

int a[2][2];

a[1][0] = 3;

a[0][0] = a[1][1] + 5;

　　不能使用以下形式:

a[1][2] = 9;　　　　//列数越界

a[00] = 3;　　　　//行下标和列下标都必须使用［ ］

a[0,0] = 3　　　　//行下标和列下标都必须使用［ ］

2. 二维数组的初始化

　　二维数组的初始化有以下几种形式:

　　(1) 按行分段给每个元素赋值。

　　　　数组名［常量表达式 1］［ 常量表达式 2］= {{值,值…},{值,值…},…,{值,值…}};

　　例如:

int a[4][4] = {{1,2,3,4},{5,6,7,8},{9,10,11,12},{13,14,15,16}};

　　(2) 按数组元素在内存中的排列顺序给每个元素连续赋值。

　　　　数组名［常量表达式 1］［ 常量表达式 2］= {值,值…, 值};

　　例如:

int a[4][4] = { 1,2,3,4,5,6,7,8,9,10,11,12,13,14,15,16};

　　(3) 给部分元素赋值。

　　当{}中值的个数少于元素个数时,只给前面部分元素赋值,后面的值自动取 0。

　　例如:

int a[4][4] = {{1}, {2}};

　　等价于:

int a[4][4] = {{1,0,0,0},{2,0,0,0},{0,0,0,0},{0,0,0,0}};

　　说明只给第一行和第二行的第一个元素进行了赋值,其他元素默认为 0,即 a[0][0]=1,a[1][0]=2,其他元素都为 0。

　　又如:

int a[4][4] = {1, 2};

　　说明只给第一行的第一个和第二个元素进行了赋值,其他元素默认为 0,即 a[0][0]=1,a[0][1]=2,其他元素都为 0。

(4)对全部元素赋初值,行长度可以省略,列长度不能省略。

例如:

int a[ ][4] = { 1,2,3,4,5,6,7,8,9,10,11,12}

对这种连续赋值方式,系统会根据初值的个数与列数的商数取整得到行数,对该例 12 对 4 的商数取整为 3,则系统认为该数组有 3 行。

int a[ ][4] = {{1,2,3},{1,2},{1}}

对这种按行分段赋值方式,系统会根据最外面的花括号内的花括号个数来定义行数,对该例最外面的花括号内的花括号个数为 3,则系统认为该数组有 3 行。

【例 5 - 9】　求二维数组 a[3][4]中最大元素值及其行列号。

求二维数组 a[3][4]中最大元素值及其行列号实现流程如图 5 - 6 所示。

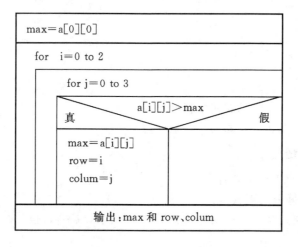

图 5 - 6　求二维数组 a[3][4]中最大元素值及其行列号

```c
#include <stdio.h>
void main()
{
    int a[3][4] = {{1,2,3,4}, {9,8,7,6}, { -10,10, -5,2}};
    int i,j,row = 0,colum = 0,max;
    max = a[0][0];
    for(i = 0;i<= 2;i ++ )
        for(j = 0;j<= 3;j ++ )
            if(a[i][j]>max)
            {   max = a[i][j];
                row = i;
                colum = j;
            }
    printf("max = % d,row = % d, colum = % d\n",max,row,colum);
}
```

运行结果：

max = 10,row = 2,colum = 1

【例 5 - 10】 定义一个二维数组,在二维数组中选出各行最大的元素组成一个一维数组,并将结果输出。

```c
#include "stdio.h"
main()
{
    int a[3][3];                        //定义了一个二维数组
    int b[3],i,j,max;
    printf("Please input the number:\n");
    for(i = 0;i<3;i++)
      for(j = 0;j<3;j++)
        scanf("%d",&a[i][j]);           //从键盘上逐一输入该数组的元素
    for(i = 0;i<3;i++)
    {
        max = a[i][0];
        for(j = 1;j<3;j++)
          if(a[i][j]>max)               //选各行最大元素
          {
              max = a[i][j];
          }
          b[i] = max;                   //选出二维数组中各行最大的元素组成一个
                                        //一维数组
    }
    printf("\narray a is:\n");
    for(i = 0;i<3;i++)                  //逐一输出该二维数组的元素
    {
        for(j = 0;j<3;j++)
          printf("%5d",a[i][j]);
        printf("\n");
    }
    printf("\narray b is:\n");
    for(i = 0;i<3;i++)                  //逐一输出该二维数组各行的最大值
        printf("%5d",b[i]);
    printf("\n");
}
```

运行结果：

Please input the number:

1 2 3 4 5 6 7 8 9

```
array a is:
1 2 3
4 5 6
7 8 9
arrayb is:
3 6 9
```

程序首先从键盘上输入了二维数组 a 的各行各列元素,接着程序使用 for 语句嵌套组成了双重循环。外循环控制逐行处理,并把每行的第 0 列元素赋予 max。进入内循环后,把 max 与后面各列元素比较,并把比 max 大者赋予 max。内循环结束时 max 即为该行最大的元素,然后把 max 值赋予 b[i]。等外循环全部完成时,数组 b 中已装入了 a 各行中的最大值。后面的两个 for 语句分别输出数组 a 和数组 b。

【例 5-11】 将二维数组行列元素互换,存到另一个数组中。

$$a=\begin{bmatrix} 1 & 2 & 3 \\ 4 & 5 & 6 \end{bmatrix} \qquad b=\begin{bmatrix} 1 & 4 \\ 2 & 5 \\ 3 & 6 \end{bmatrix}$$

算法:
① a 数组初始化(或赋值)并输出;
② 用二重循环进行转置:b[j][i]=a[i][j];
③ 输出 b 数组

```
#include <stdio.h>
main()
{
    int a[2][3] = {{1,2,3},{4,5,6}};
    int b[3][2],i,j;
    printf("array a:\n");
    for(i = 0;i<=1;i++)
    {   for(j = 0;j<=2;j++)
        {   printf("%5d",a[i][j]);        //输出 a 数组内容
            b[j][i] = a[i][j];            //将 a 数组转置后内容送到 b 数组
        }
        printf("\n");
    }
    printf("array b:\n");                 //输出 b 数组内容
    for(i = 0;i<=2;i++)
    {   for(j = 0;j<=1;j++)
            printf("%5d",b[i][j]);
        printf("\n");
    }
}
```

【例 5 - 12】　有一个计算机培训小组,一共有 6 名学员,共开设了 4 门课程,分别为:C、C++、OS、dBASE,求全组分科的平均成绩和各科总平均成绩,以及求出最高成绩和最低成绩。该小组成绩表如表 5 - 1 所示。

表 5 - 1　学生成绩表

课程＼姓名	C	C++	OS	dBASE
王芳	80	86	78	95
张艳	65	70	62	85
王焕	90	98	86	88
张林	55	65	70	58
赵京	62	63	71	76
王圆	92	93	87	95

可设一个二维数组 a[4][6]存放 6 个人 4 门课的成绩。再设一个一维数组 b[4]存放所求得各分科平均成绩,设变量 ave 存放全组各科总平均成绩,设 max,min 存放各门课的最高和最低成绩。

```
#include "stdio.h"
main()
{   int i,j,sum = 0, b[4],a[4][6],max,min;    //定义存放成绩的二维数组,以及最高
                                              //和最低成绩
    float ave;                                //定义平均成绩
    printf("input score\n");
    for(i = 0;i<4;i++)
      for(j = 0;j<6;j++)
      {
          scanf("%d",&a[i][j]);               //从键盘上逐一输入各科的成绩
      }
    max = a[0][0];
    min = a[0][0];
    for(i = 0;i<4;i++)                        //求最高成绩和最低成绩
    {
        for(j = 0;j<6;j++)
        {   sum = sum + a[i][j];
            if(max<a[i][j])
              max = a[i][j];
            if(min>a[i][j])
              min = a[i][j];
        }
        b[i] = sum/6;                         //求取各分科平均成绩
        sum = 0;
```

```
    }
    ave = (b[0] + b[1] + b[2] + b[3])/4;        //求各科总平均成绩
    printf("the score is:\n");
    for(i = 0;i<4;i++)
    {   printf("%dth course:",i+1);             //输出每人各科成绩
        for(j = 0;j<6;j++)
            printf("%d ",a[i][j]);
        printf("\n");
    }
    printf("C: %d\nC++: %d\nOS: %d\nDBase: %d\n",b[0],b[1],b[2],b[3]);
                                                //输出每门课平均成绩
    printf("average: %f\n",ave);                //输出各门课总平均成绩
    printf("max: %d\n min: %d\n",max,min);//输出最高分和最低分
}
```

运行结果：

```
input score
80 65 90 55 62 92 86 70 98 65 63 93 78 62 86 70 71 87 95 85 88 58 76 95
the score is:
1th course:80 65 90 55 62 92
2th course:86 70 98 65 63 93
3th course:78 62 86 70 71 87
4th course:95 85 88 58 76 95
C: 74
C++: 79
OS: 75
DBase: 82
average: 77.000000
max: 98
min: 55
```

程序中首先用了一个双重循环。在内循环中依次读入某一门课程的各个学生的成绩,并把这些成绩累加起来,退出内循环后再把该累加成绩除以 6 送入 b[i]之中,这就是该门课程的平均成绩,并且求出该数组的最大值和最小值存在 max 和 min 中。外循环共循环 4 次,分别求出 4 门课各自的平均成绩并存放在 b 数组之中。退出外循环之后,把 b[0]、b[1]、b[2]、b[3]相加除以 4 即得到各科总平均成绩。最后输出最高和最低成绩。

5.3　字符数组和字符串

在前面我们主要介绍了数值数组,它们的每个元素都是数值。本节我们主要介绍字符数组和字符串。字符数组的每个元素都是字符型,字符数组中的一个元素存放一个字符。在 C

语言中,没有专门的字符串类型,我们一般采用字符数组来存放一串连续字符。通常使用的字符数组是一维数组(当然,字符数组也可以是多维数组),其元素的类型是字符型。一个字符数组元素中存放一个字符。

5.3.1 字符数组的定义

与前面介绍的数值数组定义形式相同,字符数组的一般定义形式是:

    char 数组名[常量表达式];   //定义一维的字符数组
    char 数组名[常量表达式 1][常量表达式 2]; //定义二维的字符数组

由常量表达式的值决定数组的长度。例如:

char c[6];
c[0]=´h´;c[1]=´a´;c[2]=´p´;c[3]=´p´;c[4]=´y´;c[5]=´\0´

表示该数组的数组名是 c,可以存放 6 个字符型的元素。

char d[2][5]

表示该数组的数组名是 d,可以存放 10 个字符型的元素。

字符数组占用一片连续的存储空间,它的物理存储方法和数值数组是相同的。例如:

charc[12];
c[0]=´H´;c[1]=´o´;c[2]=´w´;c[3]=´ ´;c[4]=´a´;c[5]=´r´;c[6]=´e´;c[7]=´ ´;
c[8]=´y´;c[9]=´o´;c[10]=´u´;c[11]=´\0´;

定义了一维字符数组 c,包含 12 个元素。赋值以后的状态如图 5-7 所示。

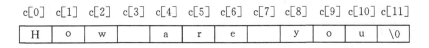

图 5-7 字符数组的存储

5.3.2 字符数组的引用和初始化

1. 字符数组的引用

字符数组的引用和数值数组的引用所不同的是字符数组既可以逐个引用,又可以通过字符串整体引用。

(1) 对字符数组元素的引用。

对字符数组元素的引用和对数值元素的引用相同。

数组元素的一般形式为:

    数组名 [下标表达式]

其中方括号中的下标表达式只能为整型常量或整型表达式。

例如:

char a[10];
a[0]=´a´;

(2)对字符数组的整体引用。

例如:

```
char c[ ] = "Windows";
printf("%s",c);          //使用 s 格式符,此时使用的是字符数组名
```
输出结果为:Windows

2. 字符数组的初始化

对字符数组的初始化,有以下几种方式:

(1)利用赋值语句对数组元素逐个赋初值。

例如:

```
        char   name[5];
        name[0] = 'M';
        name[1] = 'e';
        name[2] = 'n';
        name[3] = 'g';
        name[4] = '\0';
```

(2)用字符常量作为初值符,对字符数组进行初始化。

例如:

```
char   s[11] = {'p','r','o','g','r','a','m','m','i','n','g'};
```

(3)用字符串常量直接对字符数组初始化。

例如:

```
char   c[15] = "Beijing";
```

字符串在存储时,系统自动在其后加上结束标志"\0"(占一字节,其值为二进制 0)。但字符数组并不要求其最后一个元素是"\0",使用时要加以注意。例如:

```
char c[ ] = {"China"};          // 此时存储情况见图 5-8(a)
char c[5] = {"China"};          // 此时存储情况见图 5-8(b)
char c[8] = {"China"};          // 此时存储情况见图 5-8(c)
```

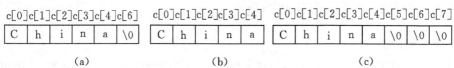

图 5-8　字符数组的存储

(4)利用库函数,由用户为字符数组输入初值。

例如:

```
char   city[15];
scanf("%s",city );
```

说明:

(1)字符串是以空字符"\0"作为结束标志,在计算字符串长度时,"\0"不计入字符串的长度中,下述两种初始化方式就有差别:

```
char b1 [ ] = { 'C','h','i','n','a' };
char b2 [ ] = "China";
```

如果指定的字符数组的大小恰好等于字符串常量中显式出现的字符个数,那么字符串结束标志"\0"就不被放入字符数组中。

char t[ ] = ″abc″, s[3] = ″abc″;

它们等同于:

char t[ ] = {′a′,′b′,′c′,′\0′}, s[ ] = {′a′,′b′,′c′};

(2)对字符数组初始化时,初值表中提供的初值个数(即在一对花括号中的字符个数)不能大于给定数组的长度。初值符的个数可以小于数组的长度。在这种情况下,只将提供的字符依次赋给字符数组中前面的相应元素,而其余的元素自动补 0(即空字符′\0′的值)。

(3)在字符串的初始化完成后,对字符数组的操作也是按单个元素进行的,以下的操作是错误的:

char s[20];

char s1[ ] = {″Visual C + + 6.0″};

char s2[ ] = {″This is a test!″};

s = s2;   //不能用数组名对字符数组整体赋值

if(s1>s2)   //不能使用数组名对字符数组进行整体比较

(4)打印输出一个没有以"/0"结尾的字符串,其执行结果是无法预知的,如:

char str[5] = {′a′,′b′,′c′,′d′,′e′};

printf(″% s″,str);

字符数组 str 没有元素是"\0",printf 将从字符"a"开始显示,直到遇到字符"\0"为止。因此,printf 函数在显示完"e"后,将继续显示存储在"e"后的字符,这样就会显示紊乱。

如果想用提供的初值字符个数来确定数组大小,那么在定义时可以省略数组大小。

【例 5 - 13】 字符数组的初始化和引用。

```
# include ″stdio.h″
main()
{
  int i,j;
  char a[ ][5] = {{′B′,′A′,′S′,′I′,′C′,},{′d′,′B′,′A′,′S′,′E′}};
  for(i = 0;i<=1;i + + )
  {   for(j = 0;j<=4;j + + )
      printf(″% c″,a[i][j]);
    printf(″\n″);
  }
}
```

运行结果:

BASIC

dBASE

5.3.3 字符串的定义

字符数组和数值数组在元素的输入输出上基本类似,所不同的是,字符数组除了可以存放字符外还可以存放字符串。C 语言规定字符串必须以"\0"结束。"\0"是一个转义字符,它的 ASCII 值为 0。

例如:

"Windows"在内存中占的是 8 个字节。如下所示:

W	i	n	d	o	w	s	\0

如果字符数组中某个元素是"\0",则认为其中有一个字符串,若没有放置"\0",则认为是 放了若干个字符。把一个字符串存入一个数组时,也把结束符"\0"存入数组,并以此作为该字 符串是否结束的标志。有了"\0"标志后,就不必再用字符数组的长度来判断字符串的长度了。

5.3.4　字符串与字符数组的输入输出

在采用字符串方式后,字符数组的输入输出将变得简单方便。除了上述用字符串赋初值 的办法外,还可用 printf 函数和 scanf 函数一次性输出输入一个字符数组中的字符串,而不必 使用循环语句逐个地输入输出每个字符。字符数组输出方法有以下两种:

(1) 用"%c"格式符按字符逐个输入输出。

(2) 用"%s"格式符按字符串一次性输入输出。

说明:

① 按"%s"格式符输出时,遇"\0"结束,且输出字符中不包含"\0"。

② 按"%s"格式符输出时,printf( )函数的输出项是字符数组名,而不是元素名。

③ 按"%s"格式符输出时,即使数组长度大于字符串长度,遇"\0"也结束。

④ 按"%s"格式符输出时,若数组中包含一个以上"\0",遇第一个"\0"时结束。

⑤ 按"%s"格式符输入时,遇回车键结束,但获得的字符中不包含回车键本身,而是在字 符串末尾添"\0"。因此,定义的字符数组必须有足够的长度,以容纳所输入的字符。如输入 5 个字符,定义的字符数组至少应有 6 个元素。

⑥ 一个 scanf 函数输入多个字符串,输入时以"空格"键作为字符串间的分隔。

⑦C 语言中,数组名代表该数组的起始地址,因此,scanf( )函数中不需要地址运算符 "&"。

【例 5 - 14】 字符串的输入输出。

```
# include <stdio.h>
main()
{
    char st1[6],st2[6];              //定义了两个字符数组
    printf("input string:\n");
    scanf("%s%s",st1,st2);           //从键盘上输入两个字符串
    printf("%s %s \n",st1,st2);      //输出数组 st1,st2 的内容
}
```

输入:

word excel

输出:

word excel

程序说明：

①由于数组名表示数组的初始地址，因此在输入字符串时，只需使用数组名，不要写成：

```
char s1[10],s2[10];
scanf("%s%s",&s1,&s2);
```

②在输入两个字符串时，中间必须使用空格隔开。

③在输入字符串时，字符串的最大长度必须比字符数组的长度小 1。

5.3.5 字符串的处理函数

C 语言提供了丰富的字符串处理函数，大致可分为字符串的输入、输出、合并、修改、比较、转换、复制、搜索几类。使用这些函数可大大减轻编程的负担。用于输入输出的字符串函数，在使用前应包含头文件"stdio.h"，使用其他字符串函数则应包含头文件"string.h"。

下面介绍几个最常用的字符串函数。

1. 字符串输出函数 puts

格式：puts(字符数组名/字符串)

功能：向显示器输出字符串(以"\0"结束的字符序列)，输出完后，换行。

说明：字符数组必须以"\0"结束。

【例 5 - 15】 使用 puts 输出字符串。

```
#include "stdio.h"
main()
{
    char c[ ]="C++";
    puts(c);
}
```

输出：

```
C++
```

puts 函数完全可以由 printf 函数取代。当需要按一定格式输出时，通常使用 printf 函数。

2. 字符串输入函数 gets

格式：gets(字符数组)

功能：从键盘输入一以回车结束的字符串放入字符数组中，并自动加"\0"。得到一个函数值，该函数值是字符数组的起始地址。

说明：输入串长度应小于字符数组的长度。本函数得到一个函数值，即为该字符数组的首地址。

【例 5 - 16】 使用 gets 输入字符串。

```
#include "stdio.h"
main()
{
    char st[15];
    printf("input a string:\n");
```

```
    gets(st);
    puts(st);
}
```

输入：

Turbo C++

输出：

Turbo C++

可以看出当输入的字符串中含有空格时,输出仍为全部字符串。说明 gets 函数并不以空格作为字符串输入结束的标志,而只以回车作为输入结束。这是与 scanf 函数不同的。

3. 字符串连接函数 strcat

格式：strcat(字符数组 1,字符数组 2)

功能：把字符数组 2 中的字符串连接到字符数组 1 中字符串的后面,并删去字符串 1 后的串标志"\0"。

说明：

①字符数组 1 必须足够大；

②连接前,两字符串均以"\0"结束；连接后,串 1 的"\0"取消,新串最后加"\0"；

③本函数返回值是字符数组 1 的首地址。

【例 5 - 17】 连接字符串举例。

```
#include "string.h"
#include "stdio.h"
main()
{
    char str1[12] = "C and ";
    char str2[ ] = "C++";
    printf("%s",strcat(str1,str2));
}
```

输出结果：

C and C++

连接前：

str1:	C		a	n	d		\0					

str2:	C	+	+	\0

连接后：

str1:	C		a	n	d		C	+	+	\0

要注意的是,字符数组 1 应定义足够的长度,否则不能全部装入被连接的字符串。

4. 字符串拷贝函数 strcpy

格式：strcpy(字符数组 1,字符数组 2)

功能:把字符数组 2 中的字符串拷贝到字符数组 1 中。串结束标志"\0"也一同拷贝。字符数组 2 也可以是一个字符串常量。这时相当于把一个字符串赋予一个字符数组。

说明:

①字符数组 1 必须足够大;

②拷贝时"\0"一同拷贝;

③不能使用赋值语句为一个字符数组赋值。

【例 5 - 18】　拷贝字符串举例。

```
# include "string.h"
# include "stdio.h"
main()
{
    char str1[15],str2[ ] = "C ++ Language";
    strcpy(str1,str2);
    puts(str1);
}
```

输出:

```
C + + Language
```

5.字符串比较函数 strcmp

格式:strcmp(字符数组 1,字符数组 2)

功能:对两串从左向右逐个字符比较(ASCII 码),直到遇到不同字符或"\0"为止

　　　字符串 1＝字符串 2,返回值为 0;

　　　字符串 1＞字符串 2,返回值正整数;

　　　字符串 1＜字符串 2,返回值负整数。

说明:

①字符串比较不能用"＝＝",必须用 strcmp 函数;

②本函数也可用于比较两个字符串常量,或比较数组和字符串常量。

【例 5 - 19】　比较字符串举例。

```
# include "string.h"
# include "stdio.h"
main()
{
    int k;
    char str1[15],str2[ ] = "C ++ Language";
    printf("input a string:\n");
    gets(str1);
    k = strcmp(str1,str2);
    if(k == 0) printf("str1 = str2\n");
    if(k>0) printf("str1>str2\n");
    if(k<0) printf("str1<str2\n");
```

```
}
```

　　本程序中把输入的字符串和数组 str2 中的字符串比较,比较结果返回到 k 中,根据 k 值再输出结果提示串。当输入为 Windows 时,由 ASCII 码可知"W"大于"C"故 k>0,输出结果"st1>st2"。当输入为 C++ Language,由比较规则可知,k=0,则输出结果"st1=st2"。

6. 测字符串长度函数 strlen

格式:strlen(字符数组)

功能:测字符串的实际长度(不含字符串结束标志'\0')并作为函数返回值。

【例 5 - 20】　测试字符串长度举例。

```
# include ˝string.h˝
# include ˝stdio.h˝
main()
{
    int k;
    char st[ ] = ˝C ++ language˝;
    k = strlen(st);
    printf(˝The lenth of the string is % d\n˝,k);
}
```

输出:

```
The lenth of the string is 12
```

7. 其他的字符串处理函数

(1) 函数: strupr

格式:strupr(字符数组)

功能:将字符数组中所含字符串的所有字符都转化成大写字符。

库文件:string.h

(2) 函数: strlwr

格式:strlwr(字符数组)

功能:将字符数组中所含字符串的所有字符都转化成小写字符。

库文件:string.h

(3) 函数: strset

格式:strset(字符数组,字符)

功能:将字符数组中所含字符串的所有字符都换成指定字符。

库文件:string.h

【例 5 - 21】　选修某课程的学生共 10 人,按成绩高低输出学生名单(用比较法排序)。

程序实现流程如图 5 - 9 所示。

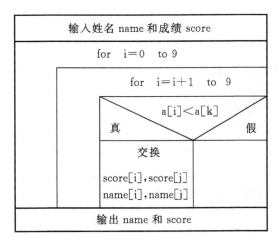

图 5-9 选修课程学生成绩排序实现流程图

```
#include <stdio.h>
#include <string.h>
#define NUM 10
void main()
{
    int i,j;
    char name[NUM][10],stmp[10];
    float score[NUM],tmp;
    printf("input name and score:\n");
    for(i = 0;i<NUM;i++)
        scanf("%s%f",name[i],&score[i]);
    for(i = 0;i<NUM;i++)
    for(j = i + 1;j<NUM;j++)
        if(score[i]<score[j])
        {
            tmp = score[i];
            score[i] = score[j];
            score[j] = tmp;
            strcpy(stmp,name[i]);
            strcpy(name[i],name[j]);
            strcpy(name[j],stmp);
        }
}
```

5.4　小　结

(1)数组是程序设计中最常用的数据结构。数组可分为数值数组(包括整型数组和实型数组)、字符数组以及后面将要介绍的指针数组、结构数组等。

(2)数组是存储同种类型的诸多元素的最佳选择,数组是建立在其他数据类型之上的一种数据类型。它的元素在内存中是顺序存储的,可以通过数组下标来访问。在 C 语言中,首元素的数组下标为 0,包含了 m 个元素的数组的末元素的数组下标为 $m-1$。数组名是该数组在内存中的起始地址,是一个不能改变的量,数组名本身不能代表全部的数组元素。

(3)传统的 C 语言要求在定义数组时,数组的元素个数必须是一个常量表达式。

(4)定义数组时,数组的大小使用符号常量定义可以使得程序更加清晰。

例:♯define N 100

　　int a[N];

(5)数组名是地址常量,不能对数组名进行赋值,下面的表示方法是错误的。

　　int a[10];

　　a = 3;

(6)C 语言中不检查数组是否越界,所以编程人员在使用时务必注意越界检查。字符数组是用来存储字符串的,字符串是一个以"\0"结束的字符序列,因此用来存放字符串的字符数组的长度要比字符串的长度大 1。

(7)C 语言中的字符串都是以空字符结束的,代表空字符的常量为"\0",在 scanf() 和 printf()中,可以使用"%s"格式说明符来输入输出字符串。

(8)二维数组在物理上是连续编址的,也就是说存储器单元是按一维线性排列的。C 语言规定是按列排列,即放完一行之后顺次放入第二行,依此类推。

(9)二维数组的初始地址为数组名。

5.5　技术提示

(1)数组在内存中的存放既不是水平的也不是垂直的,它们只是连续存储的。教材上画成水平的或者垂直的都只是一种形象地描述。

(2)在数组的定义中如果不定义数组长度,它会根据定义时初始化的元素进行计数。

(3)数组能定义的最大维数是由编译器决定的,大多数的编译器只能支持到 7 维数组。

(4)在使用 strcpy()时,要确保目的字符串比源字符串保存的字符要多。

5.6　编程经验

(1)先输入"{ }",然后在"{ }"中输入文本。

(2)在定义数组时,为其赋初值。

(3)当利用变量或变量表达式作为下标引用数组元素时,最好检查下标值是否合法,这样就可以有效地避免越界问题。

(4)符号常量都用大写字母来书写。这种写法突出了程序中的符号常量,同时也提醒程序员变量和符号常量。

(5)在循环数组的每个元素时,数组的下标不能小于 0。

(6)在使用 scanf 函数输入字符串时,必须保证字符数组的大小大于输入的字符个数。

(7)一般来讲,算法简单性能就比较差。

习　题

1.阅读程序并输出结果。

(1)
```c
#include <stdio.h>
main()
{
    int a[3][3] = {{1,2,3},{4,5,6},{7,8,9}};
    int b[3] = {0},i;
    for(i = 0;i<3;i++) b[i] = a[i][2] + a[2][i];
    for(i = 0;i<3;i++) printf("%d",b[i]);
    printf("\n");
}
```
程序运行后的输出结果是(　　)。

(2)
```c
#include <stdio.h>
main()
{
    int b[3][3] = {0,1,2,0,1,2,0,1,2},i,j,t = 1;
    for(i = 0;i<3;i++)
        for(j = i;j<=1;j++) t + = b[i][b[j][i]];
    printf("%d\n",t);
}
```
程序运行后的输出结果是(　　)。

(3)
```c
#include "stdio.h"
main()
{
    int i,a[] = {0,1,2,3,4,5,6,7,8,9};
    int sum = 0;
    for(i = 0;i<10;i++)
    {
        if(a[i]%2 == 0)
            sum = sum + a[i];
    }
    printf("The sum is %d",sum);
```

```
    }
```

程序运行后的输出结果是（   ）。

(4) #include <stdio.h>

```
   main()
   {   int a[5] = {1,2,3,4,5},b[5] = {0,2,1,3,0},i,s = 0;
       for(i = 0;i<5;i++) s = s + a[b[i]];
       printf("%d\n", s);
   }
```

程序运行后的输出结果是(   )。

(5) #include <stdio.h>

```
   main()
   {    int i,j,a[][3] = {1,2,3,4,5,6,7,8,9};
       for(i = 0;i<3;i++)
       for(j = i;j<3;j++) printf("%d  ",a[i][j]);
       printf("\n");
       }
```

程序运行后的输出结果是(   )。

(6) #include "stdio.h"

```
   main()
   {
     int s = 0, a[] = {0,1,2,3,4,5,6,7,8,9,10,11,12,13,14,15,16,17,18,19,20};
     for (int i = 1;   ; i++)
     {
       if (s>70) break;
       if(a[i]%2 == 0)
         s += i;
     }
     printf("%d",s);
   }
```

程序运行后的输出结果是（   ）。

(7) #include <stdio.h>

```
   main()
   {
       int a[] = {2, 3, 5, 4}, i;
       for(i = 0;i<4;i++)
       switch(i%2)
       {   case 0 : switch(a[i]%2)
               {case 0 : a[i]++;break;
                case 1 : a[i]--;
```

```
            }break;
        case 1 : a[i] = 0;
    }
    for(i = 0;i<4;i++)  printf("%d",a[i]);
    printf("\n");
}
```

程序运行后的输出结果是( )。

(8) #include "string.h"

```
main()
{
    char str1[12] = "I love China";
    char str2[ ] = "Hello!";
    int m;
    m = strlen(str1);
    printf("the length of str1 is %d",m);
    printf("%s",strcat(str1,str2));
    m = strcmp(str1,str2);
    if(m == 0) printf("str1 = str2\n");
    if(m>0) printf("str1>str2\n");
    if(m<0) printf("str1<str2\n");
}
```

程序运行后的输出结果是( )。

(9) #include "string.h"

```
main()
{
    int aa[4][4] = {{1,2,3,4},{5,6,7,8},{3,9,10,2},{4,2,9,6}};
    int i,s = 0
    for(i = 0;i<4;i++) s += aa[i][1];
    printf("%d\n",s);
}
```

程序运行后的输出结果是 ( )。

2. 指出以下程序的错误。

(1) #include "stdio.h"

```
main()
{
    int i,a[5];
    for(i = 0;i<= 5;i++)
    {
        printf("Please input the %dth number:",i + 1);
```

```
        scanf("%d",&a[i]);
        for(i = 0;i<5;i++)
            printf("the %dth munber is %d",i+1,a[i])
    }
}
```

(2)main()
```
    {
        int i,j,a[5];
        int temp;
        for(i = 1;i<= 5;i++)
        {
            printf("\n 请输入第 %d 个数:",i+1);
            scanf("%d",&a[i]);
        }
        printf("\n 排序前数组为\n");
        for(i = 1;i<= 5;i++)
            printf("%5d",a[i]);
        for(i = 1;i<= 5;i++)
        for(j = 1;j<5;j++)
            if(a[i])>a[j])
            {
                temp = a[i];
                a[i] = temp;
                temp = a[j];
            }
        printf("\n 排序后数组为:\n");
        for(i = 1;i<= 5;i++)
            printf("%5d",a[i]);
    }
```

3.编写程序题。

(1)定义三个数组 a、b、c,将 a 数组中的 n 个数的平方值,与 b 数组中的 n 个数的平方值一一对应相加,得到的结果——存储在数组 c 中。

(2)编写一个程序,按照相反的单词顺序显示字符串,使用循环语句来编写该程序,要求原字符串从键盘上输入,反序后输出到屏幕上。

(3)编写一个程序,它可以从键盘上读取用户输入的字符串,并且计算其长度,将长度打印在屏幕上。

(4)一般在统计过程中,最注重的就是概率的问题。编写一个程序,首先采集数据,采用100 个整数数据填充一个数组,找出该数据中大于等于 100 的概率,并将程序运行结果输出到屏幕上。

4.选择题

(1)下列定义数组的语句中,正确的是(　　)。

(A)♯define N 10

　　　int x[N];

(B)int N=10;

　　　 int x[N];

(C)int x[0...10];

(D)int x[];

(2)有以下程序:

```
#include <stdio.h>
void main()
{
    int a[5]={1,2,3,4,5},b[5]={0,2,1,3,0},i,s=0;
    for(i=0;i<5;i++) s=s+a[b[i]];
    printf("s=%d\n", s);
}
```

程序运行后的输出结果是(　　)。

(A) 6　　　　　(B) 10　　　　　(C) 11　　　　　(D) 15

(3)设有定义:int x[2][3];,则以下关于二维数组 x 的叙述错误的是(　　)。

(A)x[0]可看作是由 3 个整型元素组成的一维数组

(B)x[0]和 x[1]是数组名,分别代表不同的地址常量

(C)数组 x 包含 6 个元素

(D)可以用语句 x[0]=0;为数组所有元素赋初值 0

(4)以下语句中存在语法错误的是(　　)。

(A)char ss[6][20]; ss[1]="right?";

(B)char ss[][20]={"right?"};

(C)char * ss[6]; ss[1]="right?";

(D)char * ss[]={"right?"};

(5)若有以下定义和语句

　　char s1[10]="abcd!", * s2="\n123\\";

　　printf("%d %d\n", strlen(s1),strlen(s2));

　　则输出结果是(　　)。

(A) 5 5　　　　　(B) 10 5　　　　　(C) 10 7　　　　　(D) 5 8

(6)有以下程序

```
#include <stdio.h>
main()
{ char s[]="012xy\08s34f4w2";
int i,n=0;
for(i=0;s[i]!=0;i++)
```

```
    if(s[i]>='0'&&s[i]<='9')n++;
    printf("%d\n",n);
    }
```

程序运行后的输出结果是(   )。

(A)0   (B)3   (C)7   (D)8

(7)有以下程序

```
    #include <stdio.h>
    main()
    {char ch[3][5]={"AAAA","BBB","CC"};
    printf("%s\n",ch[1]);
    }
```

程序运行后的输出结果是(   )。

(A)AAAA   (B)CC   (C)BBBCC   (D)BBB

(8)#include <stdio.h>

```
    main()
    { char s[]="012xy\08s34f4w2";
      int i,n=0;
      for(i=0;s[i]!=0;i++)
          if(s[i]>='0'&&s[i]<='9') n++;
      printf("%d\n",n);
    }
```

程序运行后的输出结果是(   )。

(A) 0   (B)3   (C) 7   (D) 8

第6章　函　数

我们已介绍了 C 语言源程序是由函数组成的。虽然在前面各章中的程序中只有一个主函数 main()，但实际上程序往往由多个函数组成。

如果按前面的章节来安排程序，存在以下问题：

①程序越来越长，并且都包含在 main() 函数中，因而难于理解，且可读性下降；

②重复代码增多，某段程序可能被执行多次；

③某一问题中的代码，无法在其他同类问题中再用，必须重复原来的设计编码过程。

为了解决以上的问题，C 语言将一个大的程序按功能分割成一些小模块。每个小模块是一个自我包含能完成一定相关功能的执行代码段。函数是 C 源程序的基本模块，通过对函数模块的调用实现特定的功能。我们可以将函数看成一个"黑盒子"，只要将数据送进去就能得到结果，而函数内部究竟是如何工作的，外部程序是不知道的。外部程序所知道的仅限于输入给函数什么以及函数输出什么。

C 语言中的函数相当于其他高级语言的子程序。C 语言不仅提供了非常丰富的库函数，还允许用户建立自己定义的函数。用户可把自己的算法编成一个个相对独立的函数模块，然后用调用的方法来使用函数。可以说 C 程序的全部工作都是由各式各样的函数完成的，所以也把 C 语言称为函数式语言。

6.1　函数概述

一个 C 语言程序可由一个主函数和若干个其他函数构成。一个较大的程序可分为若干个程序模块，每一个程序模块是用来实现一个特定的功能。在高级语言中用子程序来实现模块的功能。在 C 语言中，子程序由函数来完成。

C 语言中各函数之间的调用关系如下：由主函数调用其他函数，其他函数也可以互相调用，但不能调用主函数。同一个函数可以被一个或多个函数调用任意多次。函数间的调用关系如例 6-1 所示。

【例 6-1】　函数调用的简单例子。

```c
# include <stdio.h>
void main()
{
    void printstar();              // 对 printstar 函数声明
    void print_message();          // 对 print_message 函数声明
    printstar();                   // 调用 printstar 函数
    print_message();               // 调用 print_message 函数
```

```
    printstar();                      // 调用 printstar 函数
}
void printstar()                       //定义 printstar 函数
{
    printf("* * * * * * * * * * * * * * * * * * *\n");
}
void print_message()                   //定义 print_message 函数
{
    printf("   The C programming language.\n");
}
```

运行结果如下：

```
* * * * * * * * * * * * * * * * * * *
    The C programming language.
* * * * * * * * * * * * * * * * * * *
```

(1)一个 C 程序由一个或多个程序模块组成，每一个程序模块作为一个源程序文件。对于较大的程序，通常将程序内容分别放在若干个源文件中，再由若干源程序文件组成一个 C 程序。这样便于分别编写、分别编译，提高调试效率。一个源程序文件可以为多个 C 程序公用。C 语言中函数和程序关系示意图如图 6-1 所示。

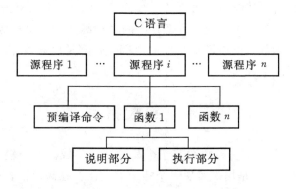

图 6-1　函数和程序关系示意图

(2)一个源程序文件由一个或多个函数以及其他有关内容(如命令行、数据定义等)组成。一个源程序文件是一个编译单位，在程序编译时是以源程序文件为单位进行编译的，而不是以函数为单位进行编译的。

(3)C 程序的执行是从 main 函数开始的，如果在 main 函数中调用其他函数，在调用结束后返回到 main 函数，在 main 函数中结束整个程序的运行。

(4)所有函数都是平行的，即在定义函数时是分别进行的，是互相独立的。一个函数并不从属于另一函数，即函数不能嵌套定义。函数间可以互相调用，但不能调用 main 函数。main 函数是系统调用的。

(5)从用户使用的角度看，函数有以下两种。

①库函数，即标准函数。这是由系统提供的，用户不必自己定义这些函数，可以直接使用

它们。不同的 C 系统提供的库函数的数量和功能会有一些不同,但许多基本的函数是共同的。如一般包含常用数学库、标准 I/O 库、字符屏幕控制库、图形库等。在前面各章的例题中反复用到 printf、scanf、getchar、putchar 等函数均属此类。

C 程序中调用库函数需要两步:

第一步使用 include 命令指出关于库函数的相关定义和说明。include 命令必须以"♯"开头,系统提供的头文件以.h 作为文件后缀,文件名用一对尖括号(<>)或一对双引号("")括起来。♯include 开头的程序行不是 C 语句,末尾不加";"号。

第二步调用标准库函数,调用库函数的形式为:

　　函数名(参数表)

②用户自己定义的函数。由用户按需要写的函数。对于用户自定义函数,不仅要在程序中定义函数本身,而且在主调函数模块中还必须对该被调函数进行类型说明,然后才能使用。自定义函数是本章讨论的重点。

(6)从函数和过程两种角度来看,函数又分为有返回值函数和无返回值函数两种类型。

①有返回值函数。此类函数被调用执行完后将向调用者返回一个运行结果,称为函数返回值。例如我们要编写一个求几个数的最大值的函数,这个函数在调用完成后,将会返回一个最大值给主程序。在定义此类函数时,必须在函数的定义和函数说明中给出函数明确的类型声明。

②无返回值函数。此类函数用于完成指定的任务,执行完成后不向调用函数返回数值。这类函数类似于其他语言的过程。由于函数无需返回值,用户在定义此类函数时可指定它的返回为"空类型",即"void"类型。

(7)从函数的形式看,函数分无参函数与有参函数两类。

①无参函数。无参函数一般用来执行指定的一组操作。在调用无参函数时,主调函数不向被调用函数传递数据。此类函数通常用来完成一定的功能。例如:getchar( );等。

②有参函数。主调函数在调用被调用函数时,通过参数向被调用函数传递数据。在函数定义及函数说明时都有参数,这些参数称为形式参数(简称为形参)。在函数调用时也必须给出相对应的参数,这些参数称为实际参数(简称为实参)。进行函数调用时,主调函数将把实参的值传送给形参。

例如:

```
int max(int x,int y)      //定义了一个最大值的函数,包括两个形参 x、y
{
   int z;
   z = x>y? x:y;
   return(z);
}
main()                    //主函数
{
   int a = 5,b = 6,c;
   c = max(a,b);          //调用求最大值的函数,将实参 a 的值 5 送给形参 x,将实参 b
                          //的值 6 送给形参 y
}
```

C语言提供的库函数数量巨多,并且还有很多函数需要有硬件知识才会使用。我们应该首先掌握一些最基本、最常用的函数,再逐步深入。在本书中只介绍了很少的一部分库函数,其余有需要的读者可根据需要查阅C语言的相关手册。

6.2　函数的定义和调用

在C语言中,所有的函数定义,包括主函数main在内,都是平行的。函数可以嵌套使用,不可以嵌套定义。函数之间允许相互调用,也允许嵌套调用。我们一般把调用者称为主调函数。被调用者称为被调函数,函数还可以自己调用自己,称为递归调用。

6.2.1　函数的定义

在C语言中所有函数与变量一样在使用之前必须"先定义,后使用"。对于C编译系统提供的库函数,是由编译系统事先定义好的,程序设计者不必自己定义,只需用♯include命令把有关的头文件包含到本文件模块中即可。例如,在程序中若用到数学函数(如sqrt、fabs、sin、cos等),就必须在本文件模块的开头写上"♯include <math.h>"。

函数定义的形式为:

函数类型 函数名(类型名 形式参数1,类型名 形式参数2,…)　　　//函数首部
{
　　　说明部分
　　　语句部分　　　　　　　　　　　　　　　　　　　　　　　//函数体;
}

函数的定义通常由两部分组成:函数的首部和函数体。函数的首部包括函数的类型、函数名、参数列表;函数体包括变量的说明部分和若干条语句。

(1)函数类型是该函数返回值的数据类型,可以是以前介绍的整型(int)、长整型(long)、字符型(char)、单浮点型(float)、双浮点型(double)以及无值型 (void),也可以是指针(在后续章节中介绍)。void型表示该函数没有返回值。如果没有说明函数返回值的类型,默认为int型。

(2)函数名和形式参数为有效的标识符。在同一程序中,函数名必须唯一。形式参数名只要在同一函数中唯一即可,可以与其他函数中的变量同名。

(3)C语言规定不能在函数内部定义其他函数。

(4)参数列表指的是主调用函数的参数格式,每个参数需要说明其类型。若该函数不需要参数,则形参列表可以省略,但是括号不能省略。

例如:

```c
int max(int a, int b)
{
  int z;
  z = a>b? a : b;
  return(z);
}
```

该例说明函数 max()有两个整型参数 a 和 b,函数类型为整型,该函数返回一个整型的值。a、b 的具体数值是由主调函数在进行函数调用时传送过来的。在"{}"之内的语句称之为函数体,它里面包含了一条 return 语句,当 a>b 时返回 a,否则返回 b。

例如:

```
void Hello()
{
    printf ("Welcome  C \n");
}
```

在该例中,函数名为 Hello,函数类型为无返回值类型,即表示该函数没有返回值。它也没有形参,在{}之内的语句称之为函数体。

例如:

```
void   dummy()
{ }
```

该例表明定义了一个空函数。当主调函数调用空函数时,只表明这里要调用一个函数,但函数本身什么工作也不做,等以后扩充函数功能时补充上。

【例 6 - 2】 使用自定义函数求三个数中的最大值。

```
#include <stdio.h>
void maxmum(int x, int y, int z)         //定义了一个求三个数中最大值的函数
{
    int max;
    max = x>y? x:y;
    max = max>z? max:z;
    printf("The maxmum value of the 3 data is % d\n", max);
}
main()
{
    int i, j, k;
    printf("i, j, k = ? \n");
    scanf(" % 4d % 4d % 4d", &i, &j, &k);     //从键盘上输入三个值赋给 i,j,k
    maxmum(i, j, k);                          //调用自定义函数
}
```

运行结果:

```
i, j, k = ?
5 8 3
The maxmum value of the 3 data is 8
```

现在我们可以从函数定义、函数说明及函数调用的角度来分析整个程序。从程序的第 2 行到第 8 行表示了 maxnum 函数定义的全过程,从第 9 行到 15 行表示主函数的定义过程。在第 14 行时主函数调用了自定义函数 maxnum 函数,它将 i、j、k 的值分别传递给 maxnum 函数中的 x、y、z,在 maxnum 中输出程序结果。

6.2.2 函数的参数和返回值

1. 函数的形参和实参

定义的函数名后面括弧中的变量名称为"形式参数"(简称"形参");主调函数中调用一个函数时,函数名后面括弧中的参数(可以是一个表达式)称为"实际参数"(简称"实参");return 语句后面的括弧中的值作为函数带回的值(称函数返回值)。

在 C 语言中函数进行调用时,参数的传递方式是将主调函数中的参数(实参)传递给自定义函数中的参数(形参),这是一种值的传递,一般称为"值传递"。值传递是一种单向的传递,它是将实参的值仅仅传递给形参,在形参获取实参的值后,形参的变化不会影响到实参,即形参不会再将值传回实参。形参出现在函数定义中,在整个函数体内都可以使用,离开该函数则不能使用。

说明:

① 在程序进行编译时并不为形参分配存储单元,在程序运行中发生函数调用时,才动态地为形参分配存储单元,并接受实参传递的值;函数调用结束,形参占用的存储单元将被释放。

② 实参可以是常量、变量、表达式、函数等,但是无论实参是哪种类型的量,在进行函数调用时,它们都必须具有确定的值,将这些值传送给形参。

③ 实参和形参在数量上、类型上和顺序上必须保持严格一致,不允许出现不匹配现象。

④ 在函数的调用中实参向形参的数据传送是单向的,即我们只能将实参的值传送给形参,而不能把形参的值反向地传送给实参。因此在函数调用过程中,形参变化不影响实参的变化。

【例 6-3】 函数的定义和调用。

```c
#include "stdio.h"
#include "string.h"
#define space " "
#define width 5
show(char c, int n)
{
    int num;
    for(num = 1; num <= n; num + +)
    {
        putchar(c);
    }
}
main()
{
    int m = 5;
    char s = '*';
    show(space, 5);         // 以常量为参数
    show(s, 1);             // 以变量为参数
    printf("\n");
```

```
show(space,4);        // 以常量为参数
show(s,width-2);      // 以表达式为参数
printf("\n");
show(space,3);        // 以常量为参数
show(s,m);            // 以变量为参数
printf("\n");
show(space,2);        // 以常量为参数
show(s,m+2);          // 以表达式为参数
printf("\n");
show(space,1);        // 以常量为参数
show(s,width+4);      // 以表达式为参数
}
```

运行结果：

```
        *
      * * *
    * * * * *
  * * * * * * *
* * * * * * * * *
```

【例 6-4】 函数调用中进行值传递,形参不能影响实参值示例。

```
#include <stdio.h>
swap(int a,int b)
{
  int temp;
  temp = a;
  a = b;
  b = temp;
}
main()
{
  int x = 7,y = 11;
  printf("x = %d,\ty = %d\n",x,y);
  swap(x,y);
  printf("swapped:\n");
  printf("x = %d,\ty = %d\n",x,y);
}
```

运行结果：

```
x = 7,    y = 11
swapped:
x = 7,    y = 11
```

程序对变量的调用关系如图 6-2 所示。

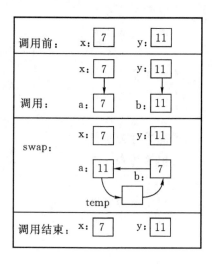

图 6-2   函数调用过程中变量值的变化

图 6-2 表示了函数调用的过程,在图中我们可以清楚地看到形参和实参之间的调用关系。在函数调用时,实参将 x、y 的值传递给形参 a、b,形参经过交换后,实参 x、y 的值没有受到影响。

2. 函数的类型和返回值

函数的返回值是指函数被调用之后,执行函数体中的程序段所取得的并返回给主调函数的值,也称为函数的值。在定义一个函数时,必须先定义函数的类型。函数类型决定了函数返回值的类型。

说明:

①函数返回值的类型和函数的类型应该保持一致。如果两者不一致,则以函数定义中的函数类型为准,将函数的返回值自动进行类型转换。

②函数的返回值一般通过 return 语句返回主调函数。return 语句的功能是计算表达式的值,并返回给主调函数。在一个函数中允许有多条 return 语句,但每次调用只能有一条 return语句被执行,并且执行的是第一次执行的那条 return 语句。所以一个函数只能返回一个函数值。

return 语句的格式为:

    return   表达式;

或者

    return(表达式);

或者

    return;

return 语句的功能既能返回函数的返回值,又可以中止函数的运行,返回主函数,如果不返回函数值,那么就可采用上述的第三种表达式。

③如果函数在定义时没有定义函数类型,那么系统会默认函数的类型为整型,即函数的返回值为整型。

④如果函数在定义时,定义为无返回值类型,即将函数类型定义为 void 类型,则该函数不返回函数值。

【例 6-5】　函数返回值举例。

```
# include <stdio.h>
int abs(int x)
{
  x = x>= 0? x: -x;
  return x;
}
main()
{
  int a,c;
  scanf("%d",&a);
  c = abs(a);
  printf("Absolute value is %d\n",c);
}
```

输入:

-5

输出:

Absolute value is 5

在这个程序中,我们自定义了一个求绝对值的函数 abs,它是 int 型函数,函数的返回值通过 return 语句返回到主调函数中,也是 int 类型的,然后通过主函数输出结果。

6.2.3　函数的声明

在 C 语言中,对函数实行"先定义,后使用"的原则。在调用时,如果函数定义在调用函数之前,则可以直接调用,不需要进行声明;如果函数定义在主调用函数之后,则应先进行声明,才能进行正确的调用。

根据被调函数的声明,系统就可以确定被调函数的类型以及形参的类型和个数。如果在主调函数中的实参和被调函数声明中的形参不一致,编译系统则会给出出错信息。

函数的声明方法分为标准库函数的声明和自定义函数的声明。

1. 标准库函数的声明

如果被调函数为 C 语言系统提供的标准库函数,可以在开头部分用 # include 进行文件的包含,如前面见过的 printf(),sqrt()等函数就属于这种形式。使用它们时,应该在程序的开头部分用以下的语句进行包含:

```
# include <stdio.h>
# include <math.h>
```

2. 自定义函数的声明

如果是用户自定义函数,若自定义的函数与主调函数在同一个程序文件中,则在调用前用如下的语句进行声明：
　　　　函数类型 函数名(数据类型 形式参数 1，数据类型 形式参数 2，…)；
或者：
　　　　函数类型 函数名(数据类型 1，数据类型 2，…)；
　　在第二种的声明中省略了形式参数，在函数的声明中只是想给系统说明被调函数的类型、名称以及形式参数的个数和类型，它不是对函数的定义，函数的声明也称函数的原型。
　　函数定义和函数声明的关系：
　　(1)函数的定义是对一个函数的完整的表达形式，它包括函数类型、函数名称、形参类型、形参名称、形参个数以及函数体的定义。而函数声明的作用是告知系统被调用函数的类型及名称，形参的名称在声明时可以省略。
　　(2)函数的声明在有些情况下可以省略，但是函数的定义是不可以省略的，函数的定义比声明对函数的描述更加完整。
　　(3)声明结束时必须加"；"，可以将函数定义中去掉函数体之后的部分作为函数声明。
　　【例 6 - 6】 函数声明举例。

```
#include <stdio.h>
main()
{
    float add(float,float);        //对 add 函数的声明
    float a,b,c;
    scanf("%f,%f",&a,&b);
    c = add(a,b);                  //对 add 函数的调用
    printf("sum is %f",c);
}
float add(float x, float y)        //对 add 函数的定义
{
    float z;
    z = x + y;
    return(z);
}
```

运行结果：
输入：
3.4,5.2
输出：
sum is 8.6
　　在上述的例子中，add 函数为被调函数，main 函数为主调函数，由于被调函数的定义在主函数之后，所以必须对被调函数进行声明。在进行函数声明时，可以将声明放在主调函数之中，也可以放在主调函数之前，并且当自定义函数个数较多时，通常将声明放在主调函数之前。如果将 add 函数定义在 main 函数之前，则函数声明可以省略。

6.2.4　函数的调用

函数在定义和声明后就可以使用了,函数体的执行是通过在程序中对函数的调用来进行的,其过程与其他语言的子程序调用相似。

1. 函数调用的一般形式

函数调用的一般形式为:

　　　函数名(实际参数表);

说明:

①实参与形参的个数必须相等,且类型要一致,按顺序一一对应;

②实参表求值顺序,因系统而定(VC++ 自右向左);

③当实参个数多于 1 个时,各实参之间用逗号分隔;

④对无参函数调用时则无实际参数表,但函数名后的一对圆括号不可少。实际参数表中的参数可以是常数、变量或其他构造类型数据及表达式。

2. 函数调用的过程

在对函数进行调用时,首先求解各个实参的具体值,然后将实参的值对应传递到为形参所分配的存储单元中,且程序流程转至被调函数,当被调函数碰到 return 语句或函数体结束标志"}"时,就返回到主调函数,继续主调函数后面的操作。如图 6-3 所示。

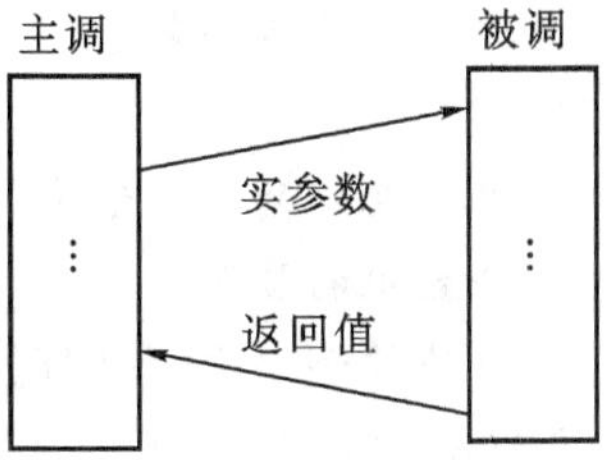

图 6-3　主被调函数的关系图

3. 函数调用的方式

函数调用的方式有如下几种:

(1)函数语句。C 语言中的函数可以仅进行某些操作,而不返回函数值,这时函数的调用可作为一条独立的语句。例如:

```
printf("Hello,World! \n");
max(a,b);
```

(2)函数表达式。当所调用的函数用于求出某个值时,函数调用可作为表达式出现在允许表达式出现的任何地方。例如:

```
m = max(a,b);
```

这种方式用于从被调函数中获取函数返回值,并将返回值赋给变量 m。在使用这种方式调用时,通常要求函数和变量具有相同的数据类型,或将函数返回值强制转换为与变量相同的数据类型。

(3)函数参数。这种调用方式要求函数有返回值,该函数作为另一个函数调用的实际参数出现。这种情况是把该函数的返回值作为实参进行传递。

【例 6-7】　函数调用方式举例。

```
#include<stdio.h>
maxmum(int x, int y)
{
    int max;
```

```
        max = x>y? x:y;
        return max;;
    }
main()
{
    int i, j, k,m,n;
    printf("请输入要比较的数字:");              //调用方式:函数语句
    printf("i, j, k = ? \n");
    scanf("%4d%4d%4d", &i, &j, &k);
    m = maxmum(i, j);                        //调用方式:函数表达式
    printf("前两个数中的最大值为:%d\n",m);
    printf("三个数中的最大值为:%d", maxmum (m,k));   //调用方式:函数参数
}
```

运行结果:

请输入要比较的数字:i, j, k = ?

5 3 8

前两个数中的最大值为:5

三个数中的最大值为:8

在上述的例子中,分别用到了函数语句、函数表达式和函数参数三种调用方式。

【例 6-8】　求值顺序。

```
main()
{
    int i = 10;
    printf("%d\n%d\n%d\n",i-- , + +i,i);
}
```

运行结果:

11

11

10

应特别注意的是 printf()采用按照从右至左的顺序求值。i 的值为 10,++i 的值为 11,i——的值为 11,但其输出顺序总是和实参表中实参的顺序相同,所以运行的结果为 11,11,10。

6.2.5　数组作为函数参数

在函数的参数中,也可以使用数组进行数据传递。一般使用数组作函数参数有两种形式:一是将数组元素的下标变量作为实参使用;二是把数组名作为函数的形参和实参使用,函数参数的形式不同,它传递的内容、形参的形式以及特点都是不同的,我们通过表 6-1 来说明问题。

表 6-1 函数参数传递内容,形式参数及其特点

实参形式	传递内容	形参形式	特点
常量	实参值单向传递	同类型变量名	调用时动态分配、释放存储单元
变量			
下标变量			
表达式			
函数调用			
数组名	数组元素单向传递	同类型数组名	与实参数组共用存储单元

1. 数组元素作函数实参

通过前面对数组的介绍,我们已经了解数组元素和普通的变量在用法上没有什么区别,所以将数组元素作为函数实参使用时和使用普通变量作为实参是完全相同的,在调用时,把作为实参的数组元素的值传送给形参,实现单向的值传送。

【例 6-9】 求 5 个数中的最小值。

```
int min(int x, int y)
{
    return (x<y? x:y);
}
main()
{
    int a[5],i,m ;
    for (i = 0; i<5; i++)
        scanf("%d",&a[i]);
    m = a[0];
    for (i = 1; i<5; i++)
        m = min(m,a[i]);                    //数组元素作为函数参数
    printf("The min number is:%d\n", m);
}
```

运行结果:

Please input the number:

2

5

6

1

9

The min number is:1

在该例中,min 函数的形式参数为整形变量,在主调函数 main 中,实际的参数为数组的元

素。首先定义了一个求最小值的函数 min,并且向主函数返回最小值,在主函数中,定义了一个数组,从键盘中输入数组的各个元素,再通过类似于打擂台的方法求最小值,最终将最小值输出。

2. 数组名作函数实参

上面用数组元素作实参时,只要数组的类型和函数的形参变量的类型一致,数组元素变量的类型也就和函数形参变量的类型是一致的。因此,不要求函数的形参也是数组元素变量。其实对数组元素的处理是按普通变量对待的。用数组名作函数参数时,则要求形参和相对应的实参都必须是类型相同的数组,都必须有明确的数组说明。当形参和实参二者不一致时,即编译系统会发生错误。

【例 6 - 10】　10 个数值由小到大排序。

```c
void sort(int b[ ],int n);          //sort 函数的声明
void printar (int b[ ]);            // printar 函数的声明
main()
{
  int a[10] = {10,20,60,90,50,80,40,30,70,100};
  printf("Before sort:\n");
  printar(a);
  sort(a,10);                       //sort 函数的调用,数组名作为函数实参
  printf("After sort:\n");
  printar(a);                       //printar 函数的调用,数组名作为函数实参
}
void printar(int b[10])             // printar 函数的定义,数组名作为函数参数
{
  int i;
  for (i = 0; i<10; i++)
    printf("%5d",b[i]);
  printf("\n");
}
void sort(int b[ ], int n)          //sort 函数的定义,数组名作为函数参数
{
  int i,j,t;
  for (i = 1; i<n; i++)
    for (j = 0; j<n-i; j++)
      if (b[j]>b[j+1])
      {
        t = b[j];
        b[j] = b[j+1];
        b[j+1] = t;
      }
}
```

运行结果：

Before sort：

   10   20   60   90   50   80   40   30   70   100

After sort：

   10   20   30   40   50   60   70   80   90   100

在该例中,定义了两个函数,一个是 printar 函数,它是一个无返回值的函数,形参为 b,形参 b 实际是一个可以存放地址的变量,功能是打印数组中的所有元素。另一个是 sort 函数,它也是一个无返回值的函数,形参为 b 和 n,功能是对数组中的元素进行从大到小的排序。两个函数的调用都是函数语句型的。

在函数调用时,实参 a 的值传递给形参 b,实际上是将数组 a 的首地址传给了 b,是一种地址传递。其实就是数组 a 和 b 共用一段地址,数组 a 和数组 b 中放置的数值是一样的。排序后数组 a 和数组 b 中值如图 6-4 所示。

a[0]	a[1]	a[2]	a[3]	a[4]	a[5]	a[6]	a[7]	a[8]	a[9]
b[0]	b[1]	b[2]	b[3]	b[4]	b[5]	b[6]	b[7]	b[8]	b[9]
10	20	30	40	50	60	70	80	90	100

图 6-4　数组 a 和数组 b 中的值示意图

说明：

①数组名表示数组在内存中的起始地址。

例如：数组 a 在内存中从 2000 地址开始存放,则 a 的值为 2000。2000 是地址值,是指针类型的数据（第 7 章中将介绍指针类型）,不能把它看成是整型或其他类型数据。

②实参是数组名,形参也应定义为数组形式,形参数组的长度可以省略,但［］不能省,否则就不是数组形式了。

③形参数组和实参数组的类型必须一致,否则将引起错误。

④形参数组和实参数组的长度可以不相同,因为在调用时,只传送首地址而不检查形参数组的长度。当形参数组的长度与实参数组不一致时,虽不至于出现语法错误（编译能通过）,但程序执行结果将与实际不符,这是应予以注意的。

⑤共用存储单元,在被调函数中对形参数组元素赋值,必将影响到实参数组。函数调用返回后,这种影响依旧存在。

6.2.6　函数的嵌套和递归调用

1. 函数嵌套调用

在 C 语言中,规定函数不允许嵌套定义,即在定义一个函数时,不能在该函数体内包含另一个函数的定义。但是可以嵌套调用,既在一个函数的执行过程中可以调用另一个函数。

【例 6-11】　计算 $(1!)^2 + (2!)^2 + (3!)^2$。

本题可编写两个函数,一个是用来计算平方值的函数 fun1,另一个是用来计算阶乘值的函数 fun2。主函数先调 fun1,在 fun1 中再调用 fun2 计算其阶乘值,然后返回 fun1,由 fun1 返回平方值,在循环程序中计算累加和。

```
#include "stdio.h"
```

```
long fun1(int p)                //定义计算平方值函数 fun1
{
    long l;
    long fun2(int);             //声明计算阶乘值的函数 fun2
    l = fun2(p);                // 计算 p 的阶乘
    return l * l;               // 返回阶乘的平方
}
long fun2(int q)                //定义计算阶乘值的函数 fun2
{
    long c = 1;
    int i;
    for(i = 1;i<= q;i++)
        c = c * i;
    return c;
}
main()                          //主函数
{
    int i;
    long s = 0;
    for (i = 1;i<= 3;i++)
        s = s + fun1(i);
    printf("\ns = % ld\n",s);
}
```

运行结果：

s = 41

其调用关系如图 6-5 所示。

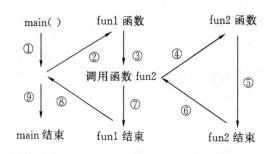

图 6-5　主被调函数的关系图

2. 函数的递归调用

函数在它自身的函数体内直接或者间接地调用它自身称为函数的递归调用,这种函数称为递归函数。C语言规定函数允许自身的递归调用。在递归调用中,主调函数和被调函数是同一个函数。递归调用的函数每调用一次就进入新的一层,示意图如图 6 - 6 所示。

说明:

①C 编译系统对递归函数的自调用次数没有限制。

②每调用函数一次,在内存堆栈区分配空间,用于存放函数变量、返回值等信息,所以递归次数过多,可能引起堆栈溢出。

③递归是一种非常有效的数学方法,也是程序设计的重要算法。对某些问题的处理,采用递归的方法效果非常的明显,但递归调用需要占用大量时间和额外的内存,在确定使用之前应综合考虑是否选用递归方法。

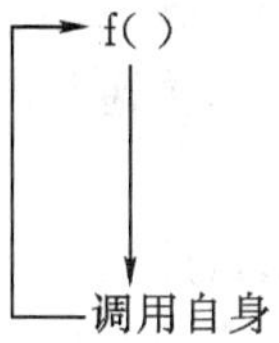

图 6 - 6 函数的嵌套调用

【例 6 - 12】 求解 $n!$。

递归公式:

$$n! = \begin{cases} 1 & (n=0 \text{ 或 } 1) \\ n \times (n-1)! & (n>1) \end{cases}$$

递归结束条件:当 $n=1$ 或 $n=0$ 时,$n! = 1$。

```c
#include <stdio.h>
int fac(int n)
{
    int f;
    if(n<0)
        printf("n<0,data error!");
    else if(n == 0 || n == 1)
        f = 1;
    else
        f = fac(n - 1) * n;
    return(f);
}
main()
{
    int n, y;
    printf("Input a int number:");
    scanf("%d",&n);
    y = fac(n);
    printf("%d! = %15d",n,y);
}
```

输入:

Input a integer number: 3

输出:

3! = 6

程序说明：

①函数 fac 的执行代码只有一组,递归过程就是多次调用这组代码段。

②每次递归调用,都动态地为形参 n 和局部变量 f 分配存储单元,n 接受本次递归传递的实参值。

③由分支条件控制递归的继续或终止。

④递归调用结束的反推过程(递推),将不断执行 return 和 f 的赋值。

⑤要保证递归是有限的。

【例 6-13】 有 6 个人坐在一桌,问第 6 个人多少岁? 第 6 个人回答说他说比第 5 个人大 3 岁。问第 5 个人多少岁? 第 5 个人回答说他说比第 4 个人大 3 岁。问第 4 个人多少岁? 他说比第 3 个人大 3 岁。问第 3 个人多少岁? 他说比第 2 个人大 3 岁。问第 2 个人多少岁? 他说比第 1 个人大 3 岁。最后问到第 1 个人,他说只有 6 岁。请问第 6 个人多少岁?

依题意：

age(6) = age(5) + 3

age(5) = age(4) + 3

age(4) = age(3) + 3

age(3) = age(2) + 3

age(2) = age(1) + 3

age(1) = 6

用数学通式来表示：

$$age(n)=\begin{cases}6 & (n=1)\\ age(n-1)+3 & (n>1)\end{cases}$$

```c
#include <stdio.h>
age(int n)
{
    int c;
    if(n == 1)  c = 6;
    else
        c = age(n-1) + 3;
    return (c);
}
main()
{
    printf("%d",age(6));
}
```

运行结果：

21

【例 6-14】 在屏幕上显示杨辉三角形。

```
            1
          1   1
        1   2   1
      1   3   3   1
    1   4   6   4   1
  1   5  10  10   5   1
… … … … … …
```

杨辉三角形中的数,正是(x+y)的 N 次方幂展开式各项的系数。本题作为程序设计中具有代表性的题目,求解的方法很多,这里仅给出一种。从杨辉三角形的特点出发,可以总结出:

①当 y=1 或 y=x 时,其值(不计左侧空格时)为 1;

②否则 $c(x,y)=c(x-1,y-1)+c(x-1,y)$。

```
#include "stdio.h"
main()
{
    int i,j,n;
    printf("Input n=");
    scanf("%d",&n);
    for (i=1;i<=n;i++)
    {
        for (j=0;j<=n-i;j++)
            printf("  ");                    // 为了保持三角形态,此处输出两个空格

        for (j=1;j<=i;j++)
            printf("%3d",c(i,j));
        printf("\n");
    }
}


int c(int x,int y)
{
    int z;
    if (y==1||y==x) return 1;                // 如果 y 等于 1 或 y 等于 x 时,值为 1
    else
    {
        z=c(x-1,y-1)+c(x-1,y);               // 递归调用函数 c
        return z;
    }
}
```

6.3 变量的作用域

在前面讨论函数调用时介绍,形参变量只在被调用期间才分配内存单元,调用结束立即释

放。这表明形参变量只有在函数内才是有效的,离开该函数就不存在了。这种变量有效性的范围称变量的作用域。C 语言中的所有变量都有自己的作用域。

6.3.1　变量的作用域

变量的作用域是指变量在程序中可以被使用的范围。C 语言中,根据变量的作用域可以将变量分为局部变量和全局变量。变量说明的方式不同,其作用域也不同。

6.3.2　局部变量及其作用域

在函数内部定义的变量或者在复合语句内部定义的变量,称为局部变量。它只在该函数内或者复合语句中有效,离开这个范围变量就无效了。局部变量也称为内部变量。

例如:

```
int fun1(int a)
{
    int b,c;            }  a、b、c 变量作用域
    ......
}
int fun2(int x,int y)
{
    int z; {
          ......}         }  x、y、z 变量作用域
}
main()
{
    int i,j,k;          }  i、j、k 变量作用域
    ......
}
```

在函数 fun1 内定义了 3 个变量,a 为形参,b、c 为普通变量。在 fun1 的函数定义范围内,a、b、c 是有效的。在函数 fun2 内定义了 3 个变量,x、y 为形参,z 为普通变量。在 fun2 的函数定义范围内,x、y、z 是有效的。在函数 main 内定义了 3 个变量,i、j、k 为普通变量。在 main 的函数定义范围内,i、j、k 是有效的。

【例 6-15】　局部变量的作用域举例。

```
main()
{
    int a,b;                          //定义函数的局部变量
    a = 4;
    b = 5;
    printf("main:a = % d,b = % d\n",a,b);
    good();
    {                                 //主函数复合语句的开始
```

```
        int a = 8,b = 9;                        //定义复合语句中的局部变量
        printf("main:a = % d,b = % d\n",a,b);
    }                                           //主函数复合语句的结束
    printf("main:a = % d,b = % d\n",a,b);
}
good()
{
    int a,b;                                    //定义 good()函数的局部变量
    a = 6;
    b = 7;
    printf("sub:a = % d,b = % d\n",a,b);
}
```

运行结果：

main:a = 4,b = 5

sub:a = 6,b = 7

main:a = 8,b = 9

main:a = 4,b = 5

在该例中，我们定义了几个局部变量，虽然它们的名字都为 a,b，但是它们是在不同作用域中的变量。下面分析一下局部变量的作用域。

①main 函数中定义了两个局部变量 a、b。它们的作用范围只在 main 函数的作用范围内。由于在主函数中定义了复合语句，所以主函数的局部变量 a、b 只作用在复合语句之外的主函数范围内。

②在复合语句中，定义了两个局部变量 a、b。它们的作用范围只在复合语句的作用范围内。

③在 good 函数中定义了两个局部变量 a、b。它们的作用范围只在 good 的作用范围内。

说明：

①C 语言中规定主函数和其他的函数的地位是相同的，它们是平行的。主函数中定义的变量只能在主函数中使用，不能在其他函数中使用。主函数中也不能使用其他函数中定义的变量。

②在不同的函数中可以使用相同名称的变量，但它们的作用域不同，系统给它们所分配的内存空间也不同，所以它们互不影响，是不同的变量。

③形参变量是属于被调函数的局部变量，实参变量是属于主调函数的局部变量。

④在复合语句中也可以定义变量，其作用域只在复合语句范围内。

6.3.3　全局变量及其作用域

全局变量是定义在所有函数之外的变量，可以为本程序中的所有函数所共享，即它从定义变量的位置开始到本源文件结束都是有效的，它是属于它所在的源文件。离开源文件以及有 extern 说明的其他源文件这个范围变量就无效了。全局变量也称为外部变量。全局变量在一个函数中对该变量所做的改变，将影响其他函数中该变量的值。如在其作用域内的函数或复合语句中定义了与全局变量同名的局部变量，则在局部变量的作用域内，同名全局变量暂时不起作用。

【例 6 - 16】　求 10 个数的最大值，最小值和平均值。

```
    float max = 0,min = 0;                  //max 和 min 为全局变量
    float average(float array[ ],int n)
    {
        int i;
        float aver,sum = array[0];
        max = min = array[0];               //引用了全局变量
        for(i = 1;i<n;i ++ )
        {
            if(array[i]>max)
                max = array[i];
            else if(array[i]<min)
                min = array[i];
            sum + = array[i];
        }
        aver = sum/n;
        return(aver);
    }
main()
{
        float ave,score[10];               // ave,score[10]为局部变量
        int i;
        for(i = 0;i<10;i ++ )
            scanf("% f",&score[i]);
        ave = average(score,10);
        printf("max = % f\nmin = % f\naverage = % f\n",max,min,ave);
}
```

在上例中,定义了两个全局变量 max,min,它们的作用范围在整个程序中,即从它们定义开始到程序结束的范围内都有效。在 average 函数中定义了数组 array 和变量 n、aver、sum,它们都是局部变量,作用范围为 average 函数内。在 main 函数中,定义了 ave、score[10]等局部变量,它们的作用范围在 main 函数内。

【例 6 - 17】 全局变量屏蔽举例,求最大值。

```
int a = 6,b = 10;
max(int a,int b)
{
    int c;
    c = a>b? a:b;
    return(c);
}
main()
```

```
{
  int a = 15;
  printf("max = % d",max(a,b));
}
```

输出：

15

在上例中，定义了两个全局变量 a、b，在 max 中定义了 3 个局部变量 a、b、c，它们的作用范围在 max 函数中，在 main 函数中定义了一个局部变量 a，它的作用范围在 main 函数中。我们可以看到，由于在 max 函数和 main 函数中都定义了一个局部变量 a，这两个 a 分配着不同的内存空间，在不同的范围内作用，它们互相没有关系，但是全局变量 a 在 max 函数和 main 函数中就被局部变量 a 屏蔽了。由于在 max 函数中定义了局部变量 b，因此全局变量 b 只在 main 函数中有效，在 max 函数中是无效的。

说明：

①全局变量的引入，可以使函数返回一个以上的结果。

②全局变量在程序整个执行过程中都占用存储单元，并且降低了函数的通用性、可靠性、可移植性，降低了整个程序清晰性，容易出错。因此应尽量少使用全局变量。

③如果外部变量与局部变量同名，则外部变量被屏蔽。

6.4　变量的存储类别及生命周期

从变量值生存周期来分，可以将变量分为静态存储变量和动态存储变量。静态存储变量是指在程序运行时固定分配存储空间的变量。动态存储变量是在程序运行时根据需要动态分配存储空间的变量。

程序运行时的内存分配有以下 5 种，如图 6-7 所示。

(1)系统区；

(2)程序代码区；

(3)静态数据区；

(4)动态数据区；

(5)自由空间。

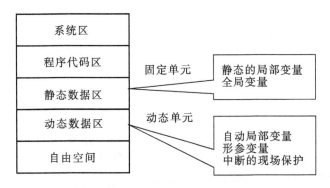

图 6-7　程序运行时内存分配示意图

　　全局变量和静态的局部变量存放在静态数据区，在程序开始执行时给它们分配存储单元，程序执行完毕就释放。在程序执行过程中它们占据固定的存储单元，它们的生命周期贯穿程序的整个过程。

　　动态数据区存放的数据为自动局部变量、形参变量和中断的现场保护的数据。自动局部变量指的是未加 static 声明的局部变量，形参变量是指函数形式参数，中断的现场保护的数据是指在函数调用的现场保护和返回地址。在函数开始调用时分配动态存储空间，函数结束时释放这些空间。它们的生命周期为函数的整个过程。

　　C 语言中，每个变量和函数都有两个属性：数据类型和数据的存储类别。在前面的章节中，我们介绍变量和函数的定义方式时，只提到了它们的数据类型，其实还应该定义其存储类别，它决定函数存储的位置。因此，变量完整的定义方式为：

　　　　　存储类别 数据类型标识符 变量名；

　　变量的存储类别共有 4 种：

　　(1)auto——自动变量；

　　(2)static——静态变量；

　　(3)register——寄存器变量；

　　(4)extern——外部变量。

1. auto 变量（自动变量）

　　当局部变量定义时使用 auto 标识符或没有指定存储类别时，系统就认为所定义的变量是自动变量。系统对自动变量是动态分配存储空间的，数据存储在动态数据区中。

　　局部变量的定义必须放在函数体或复合体中所有可执行语句之前。自动变量的作用域是从定义的位置起，到函数体或复合体结束为止。它的存储单元在进入这些局部变量所在的函数体（或复合体）时生成，退出其所在函数体（或复合体）时消失，这就是自动变量的生存周期。当再次进入函数体（或复合体）时，系统将为它们另行分配存储单元。

　　【例 6 - 18】　自动存储类别变量。

```
main()
{
  int x = 1;                        //主函数中的 x 变量
  {                                 //主函数中的复合语句开始
    void  prt();
    int x = 3;                      //主函数中的复合语句中的 x 变量
    prt();
    printf("x1 = % d\n",x);
  }                                 //主函数中的复合语句结束
  printf("x2 = % d\n",x);
}
void  prt()
{
  int x = 5;                        //prt()中的 x 变量
  printf("x3 = % d\n",x);
}
```

运行结果：

x3 = 5

x1 = 3

x2 = 1

在程序中，x＝3 的作用区域为 main 函数中的复合语句，x＝1 的作用区域为 main 函数中除过复合语句的区域，x＝5 的作用区域为 prt 函数。

2. register 变量（寄存器变量）

寄存器变量也是自动变量，它与自动变量的区别仅在于：用 register 说明的变量建议编译程序将变量的值保留在 CPU 的寄存器中，而不象一般变量那样，占用内存单元。局部变量的定义必须放在函数体或复合体中所有可执行语句之前。

说明：

①只有函数内定义的变量或形参可以定义为寄存器变量。寄存器变量的值保存在 CPU 的寄存器中；

②受寄存器长度的限制，寄存器变量只能是 char、int 和指针类型的变量；对于占用字节数多的变量（long、float、double 等）及数组不宜定义为寄存器变量。

③由于寄存器变量值保存在 CPU 的寄存器中，系统从 CPU 的寄存器中读写变量比内存要快，所以将使用频率比较高的变量设定为寄存器变量。例如 for 循环中所用到的变量。

④当今的优化编译系统能够识别使用频率较高的变量，从而自动地将这些变量放在寄存器中，因而一般不需要由程序员指定。

【例 6 - 19】 寄存器变量的作用。

```
main()
{
    long int sum = 0;
    float ave;
    register int i;
    for (i = 1; i<= 2000; i ++ )
      sum + = i;
    ave = sum/2000.0;
    printf("sum = % ld\n",sum);
    printf("ave = % f\n",ave);
}
```

运行结果：

sum = 2001000

ave = 1000.5

在该例中，由于引入了循环变量，它的存取次数比较频繁，所以采用寄存器变量类型，可以提高程序的运行速度。

3. static 变量(静态变量)

(1)静态局部变量。

在函数体(或复合体)内部用 static 说明的变量,称静态局部变量。它分配在内存的静态数据存储区。它的生存期与作用域是全局寿命,局部可见。即只有在编译时可以赋值,以后每次调用时不再分配内存单元和初始化,只是保留上一次函数调用结束的值,直到程序运行结束,对应的内存单元才释放,而其作用域仅仅只限于所定义的函数和复合体。

例如:

```
int fun(int a)
{
    auto int b;      //调用时分配存储单元并赋初值
    static int x, y;  //编译时分配存储单元并赋初值
    ...
}
```

在该例中,变量 a、b 都是自动型的局部变量,它们都是在调用时分配单元并赋初值,属于动态的分配内存空间,而变量 x,y 都是静态的局部变量,它们都是在编译时分配单元并赋初值,属于静态的分配内存空间,它们存在于程序运行的整个过程,变量的值在函数调用结束后仍然有效,下次调用时继续使用上次的值,因变量的存储单元没有发生变化。

auto 型局部变量和静态局部变量的区别如表 6-2 所示。

表 6-2   auto 型局部变量和静态局部变量的区别

auto 型变量	static 型变量
函数调用时产生,函数返回时就消失,因此函数返回后,变量的值就不存在了	调用函数前已经生成,程序终止时才消失。因此,函数返回后,变量将保持现有的值
如果对变量赋初值,每次调用函数时都要执行赋初值的操作	如果对变量赋初值,赋初值操作在程序开始执行时就执行了。调用函数时,不会执行赋初值操作
变量没有赋初值时,其值是一个随机值	变量没有赋初值时,其值为 0

【例 6-20】 静态变量的调用。

```
void f1()
{
    int x = 1;
    printf("x = % d",x);
}


void f2()
{
    static int x = 1;
    x ++ ;
    printf("x = % d\n",x);
}
```

```
void main()
{
    f1(); f2();
    f1(); f2();
}
```

输出：

x = 1; x = 2

x = 1; x = 3

分析：由于 f2 函数中定义的 x 变量是一个静态的局部变量，当 f2 函数第二次调用时，x 变量不再分配内存单元，不再进行初始化，其值是第一次调用结束的值 2，因此第二次调用 f2 函数输出 x 变量的值为 3。而 f1 函数定义的变量 x 是局部变量，每次调用都要分配内存单元和初始化 1，每次调用结束内存单元都要释放，所以每次输出值都相同。

（2）静态全局变量。

在所有函数（包括主函数）之外定义的用 static 说明的变量，称静态全局变量。它分配在内存的静态数据存储区。它的生存期与作用域是全局寿命，局部可见。即在整个程序运行期间都存在；但它与外部变量（即全局变量）不同，静态全局变量只能在所定义的文件中使用，具有局部可见性（注意它与静态局部变量的"局部可见性"是不一样的），而外部变量可在其他文件中使用。

4. extern 变量（外部变量）

外部变量（即全局变量）是在所有函数（包括主函数）外部定义的变量，它的作用域为从变量定义处开始，到本程序文件的末尾。如果外部变量不在文件的开头定义，其有效的作用范围只限于定义处到文件终了。如果在定义点之前的函数想引用该外部变量，则应该在引用之前用关键字 extern 对该变量作"外部变量声明"。表示该变量是一个已经定义的外部变量。有了此声明，就可以从"声明"处起，合法地使用该外部变量。

【例 6-21】 外部变量的调用举例。

```
main()
{
    void   g1(),g2();
    extern   int x,y;
    printf("1: x = % d\ty = % d\n",x,y);
    y = 155;
    g1();
    g2();
}
void g1()
{
    extern int   x,y;
    x = 100;
    printf("2: x = % d\ty = % d\n",x,y);
}
```

```
int x,y;
void g2()
{
    printf("3：x = % d\ty = % d\n",x,y);
}
```

输出：

1：　x = 0　　　　　y = 0

2：　x = 100　　　　y = 155

3：　x = 100　　　　y = 155

在上例中,使用外部变量的声明可以扩大变量的范围,例如：

现有两个 C 语言的源程序 file1. c 和 file2. c,现需要在 file2. c 中调用 file1. c 中的变量,直接使用 file1. c 中的部分结果,降低程序的空间复杂度,提高程序的效率,如图 6－8 所示。

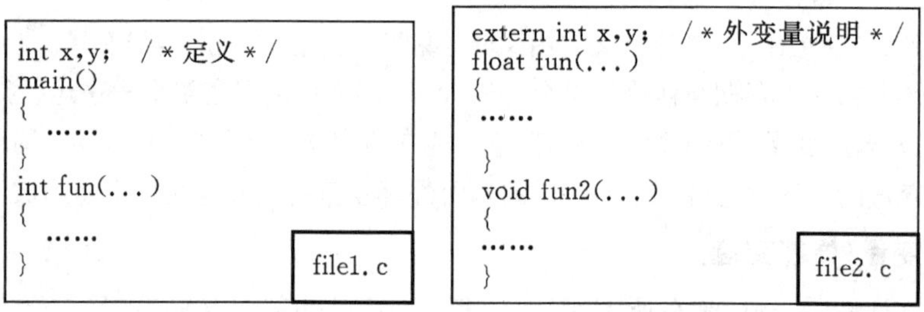

```
int x,y;   / * 定义 * /          extern int x,y；  / * 外变量说明 * /
main()                          float fun(...)
{                               {
    ......                          ......
}                               }
int fun(...)                    void fun2(...)
{                               {
    ......                          ......
}              file1. c         }              file2. c
```

图 6 - 8　外部变量的应用示意图

6.5　外部函数和内部函数

6.5.1　外部函数

外部函数的定义：

(1)不作任何标识的函数,允许被其他源程序文件中的函数调用;但必须在调用的源文件中作外部函数声明,即在声明时加上 extern 关键字。

　　　　extern 函数类型 函数名(数据类型 形式参数 1, 数据类型 形式参数 2, ……);

(2)在定义函数时,在函数的首位加上 extern 关键字,表示该函数是外部函数,可以被其他的文件调用。

　　　　extern 函数类型 函数名(数据类型 形式参数 1, 数据类型 形式参数 2, ……)
　　　　{
　　　　　　函数体;
　　　　}

外部函数调用有两种方法,如图 6 - 9 所示。

```
extern int fun1(int x)//外部函数定义
{
    ……
}
main()
{
    ……
                                    file1.c
}
```

```
main()
{
    int a,b=1;
    a=fun1(b);
            //引用 file1.c 中的 fun1 函数
    ……
                                    file2.c
}
```

(a)

```
int fun1(int x)
{
    ……
}
main()
{
    ……
                                    file1.c
}
```

```
extern int fun1(int x);/*外部函数说明
main( )
{
int a,b=1;
a=fun1(b);
/*引用 file1.c中的 fun1函数*/
……
                                    file2.c
}
```

(b)

图 6-9　外部函数的应用示意图

6.5.2　内部函数

如果在一个源文件中定义的函数只能被本文件中的函数调用,而不能被同一源程序其他文件中的函数调用,这种函数称为内部函数。

内部函数是用 static 标识的函数,只能被本源程序文件中的函数调用,定义形式为:

　　　　static 函数类型 函数名(数据类型 形式参数,数据类型 形式参数,……)

　　　　{

　　　　　　函数体;

　　　　}

函数被定义为内部函数后,它只能被本函数所在的文件使用,不能被本文件之外的文件使用,这样就可以在不同的文件中使用相同的函数名,它们之间互相不发生干扰,这样有利于程序员在编程时根据情况灵活处理函数的作用范围。

例如:

```
static float fun1(int x, int y)        //限定 fun1 只能在该文件中使用
{
  ……
}
main()
{
  ……
}
```

6.6　编译预处理

在以前各章的程序中,已多次使用过以"♯"号开头的预处理命令。

例如:

包含命令 ♯include ″stdio. h″

宏定义命令♯define N 100

这些都称为预处理部分。预处理部分指令都是放在函数之外和程序的开始。

在 C 语言中,预处理是比较重要的一个功能,它是在程序编译时首先要做的工作,编译系统对源程序中的预处理部分先作处理,结束后才进入源程序的编译。C 语言中提供了多种预处理功能,如文件的包含、宏定义、条件编译等等。合理地使用预处理功能编写的程序便于读写、修改、移植和调试,也有利于模块化程序设计。

1. 编译预处理作用

编译预处理对源程序编译之前做一些处理:生成扩展 C 源程序。

2. 编译预处理种类

(1)宏定义。   ♯define

(2)文件包含。   ♯include

(3)条件编译。   ♯if— ♯else— ♯endif

3. 编译预处理格式

(1)编译预处理指令语句以"♯"打头。

(2)编译预处理指令语句占单独书写行。

(3)编译预处理指令语句尾不加分号。

6.6.1   文件包含

文件包含指令的一般格式为:

♯include″文件名″

或者

♯include <文件名>

这两种形式是有区别的:使用尖括号表示在包含文件目录中去查找(包含目录是由用户在设置环境时设置的),而不在源文件目录去查找;使用双引号则表示首先在当前的源文件目录中查找,若未找到才到包含目录中去查找。用户编程时可根据自己文件所在的目录来选择某一种命令形式。

如果一个源文件包含多个库函数的头文件,格式为:

♯include″文件名 1″

♯include″文件名 2″

例如:

♯include″stdio.h″

♯include″math.h″

♯include″string.h″

说明:

①一个 include 命令只能指定一个被包含文件,若有多个文件要包含,则需用多个 include 命令。

例如:

#include˝string.h stdio.h˝

这种形式是错误的,应该写成:

#include˝stdio.h˝

#include˝string˝

(2)文件包含允许嵌套,即在一个被包含的文件中又可以包含另一个文件。

例如:

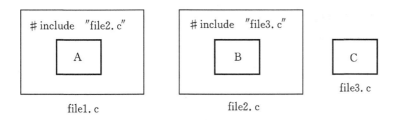

file1.c　　　　　file2.c

该例中,file2.c 中包含了 file3.c,file1.c 中包含了 file2.c,这样就形成了文件包含的嵌套。

(3)预编译的处理过程为预编译时,用被包含文件的内容取代该预处理命令,再对包含后的文件作一个源文件编译。

(4)被包含文件内容为:源文件(*.c)和头文件(*.h)

6.6.2　不带参宏定义

不带参数宏定义的一般形式:

#define 宏名 〔宏体〕

例如:

#define N 100

#define PI 3.1415926

不带参数宏定义的功能:用指定标识符(宏名)代替字符序列(宏体)。

使用#undef 可终止宏名作用域,其一般的定义格式为:

#undef　宏名

说明:

①宏定义是用宏名来表示一个字符串,在宏展开时又以该字符串取代宏名,这只是一种简单的代换。字符串中可以含任何字符,可以是常数,也可以是表达式,预处理预编译时,用宏体替换宏名时不作语法检查。如果出错,只能在编译已被宏展开后的源程序时发现。

②引号中的内容与宏名相同也不置换。

③不带参数宏定义出现的位置可以任意(一般在函数外面)。

④不带参数宏定义的作用域是从定义命令到文件结束,如要终止其作用域可使用#undef 命令。

⑤宏定义不是说明也不是语句,在行末不必加分号,若加上分号则连分号也一起置换。

⑥宏定义可以嵌套,但不能递归。

⑦宏定义中应该使用必要的括号()。

例如:

```
#define PI 3.14159
printf("2 * PI = % f\n",PI * 2);
```
宏展开:printf("2 * PI = % f\n",3.14159 * 2);

在上例中注意,输出语句中,有两个 PI,但是第一个 PI 在引号内,所以不进行替换,第二个 PI 不在引号内,所以进行替换。

【例 6-22】 不带参的宏定义举例。
```
#define    YES    1
#define    NO     0
#define    PI     3.1415926
#define    OUT  printf("Hello,World");
main()
{
  int a;
  if(PI == 3.1415926)
    a = YES;
  else
    a = NO;
  OUT
  printf("\n%d",a);
}
```
输出:
```
Hello,World
1
```
在上例中定义了四个无参宏定义,当程序在编译时,宏定义被展开为:
```
main()
{
  int a;
  if(PI == 3.1415926)
    a = 1;
  else
    a = 0;
  printf("Hello,World");
  printf("\n%d",a);
}
```
这两个程序的运行结果相同。

【例 6-23】 计算 $3(x^2+3x)+y(x^2+3x)$,当 $x=10,y=30$。
```
#define M x * x + 3 * x          //宏定义 M 为 x² + 3x
main()
{
```

```
int x,y,z;
x = 10;
y = 30;
z = 3 * M + y * M;
printf("z = % d\n",z);
}
```

展开宏引用 z=3*M+y*M 为:

z = 3 * x * x + 3 * x + y * x * x + 3 * x

与预期的结果不一样,问题就出在没有在适当的位置使用括号。

应该改为:

♯define M (x * x + 3 * x)

这样再进行宏展开为:

z = 3 * (x * x + 3 * x) + y * (x * x + 3 * x)

这结果与预期的结果就相同了,所以在宏定义中应该使用必要的括号()。

6.6.3　带参的宏定义

在 C 语言中允许宏带有参数。在宏定义中的参数称为形式参数,在宏调用中的参数称为实际参数。

对带参数的宏,在调用中,不仅要宏展开,而且要用实参去代替形参。带参宏定义的一般形式为:

♯define 宏名(参数表)　宏体

【例 6 - 24】　带参宏定义举例。

♯define POWER(x) x * x

x = 4;

y = POWER(x);

宏展开为:y=x * x;

【例 6 - 25】　计算 $(x+y)^2$。

♯define POWER(x) x * x

x = 4;　　y = 6;

z = POWER(x + y);

宏展开:z=x+y * x+y;

与预期的结果不一样,问题就出在没有在适当的位置使用括号。如果改为:

♯define POWER(x) (x) * (x)

x = 4;　　y = 6;

z = POWER(x + y);

宏展开:z=(x+y) * (x+y);

这样与预期的结果就一样了,所以在宏定义中应该使用必要的括号()。

带参的宏定义和函数之间的联系和区别见表 6 - 3。

表 6-3　带参的宏定义和函数之间的联系和区别

说明＼类型	带参宏	函数
处理时间	编译时	程序运行时
参数类型	无类型问题	定义实参,形参类型
处理过程	不分配内存 简单的字符置换	分配内存先求实参值 再代入形参
程序长度	变长	不变
运行速度	不占运行时间	调用和返回占时间

6.7　小　结

(1)C 语言程序是由各式各样的函数完成的。函数是一个自我包含的完成一定相关功能的执行代码段。函数是 C 语言源程序的基本模块,通过对函数模块的调用实现特定的功能。

(2)在 C 语言中,所有的函数定义,包括主函数 main 在内,都是平行的。函数可以嵌套使用,不可以嵌套定义。函数之间允许相互调用,也允许嵌套调用。

(3)如果被调函数定义在主调函数之前,被调函数的声明可以省略。如果被调函数定义在主调函数之后,则系统规定在主调函数中或者主调函数之前必须对被调函数进行声明。

(4)局部变量只能为定义它的函数所识别,一个函数不能识别另一个函数的局部变量名及其操作。

(5)传递给函数的参数个数、类型和顺序应该与函数的定义相匹配。

(6)值传递参数是把其值的拷贝传递给被调函数。在被调函数中修改拷贝值不影响原始变量的值。

(7)从变量值生存周期来分,可以将变量分为静态存储变量和动态存储变量。

(8)C 语言提供了 auto、register、extern 和 static 四种存储类型。

6.8　技术提示

(1)每个函数都有堆栈区。堆栈区是计算机的内存用来存储函数的变量和参数。

(2)使用函数声明可以让编译程序在每次程序调用函数的地方检查函数的返回值和参数的类型。

(3)main()函数是不需要声明的,也不要试图去调用 main()函数。

(4)在一个函数内部定义一个函数是错误的。

(5)在函数名前的返回类型和函数的返回值类型应该保持一致。

(6)在函数内部不能将函数的参数再次定义。

(7)在函数被定义为 void 以后,不能再给函数一个返回值。

6.9　编程经验

(1)在使用系统的库函数时,必须在程序开始时包含头文件。

(2)不能按照定义多个变量的方式定义函数参数列表。

如定义函数:f1(flaot x,float y)写为 f1(flaot x, y)是错误的。

(3)函数的局部变量不能和形参同名,也不能和函数、库函数同名。

(4)定义函数时,"()"后面不能多一个分号,声明函数时不能漏掉分号;在函数内部不能定义另一个函数,即函数可以嵌套调用,不可以嵌套定义。

(5)调用函数时必须与函数定义一致(包括函数名和函数参数)。调用时在实参前面不可以再加类型名。

(6)递归函数必须定义出口,否则会导致系统死机。

(7)在值传递中,实参的值不会因形参的值改变而受到影响。

(8)选用有意义的函数名和参数名可以使程序更具有可读性。

(9)在函数定义之前给函数加上该函数的功能注释,会使程序结构更加清楚。

(10)每一个函数应该只完成单一的预定义好的功能,并且函数名应该有效的反应其完成的任务。这有助于实现软件的可重用性。

(11)应该使用更小的函数集来编写程序,这样可以使程序易于编写、调试、维护和修改。

习　题

1.阅读程序输出结果。

(1)

```
# include <stdio.h>
void fun (int p)
{
   int d = 2;
   p = d + + ; printf("%d",p);
}
main()
{
   int a = 1;
   fun(a); printf("%d\n",a);
}
```

程序运行后的输出结果是(　　　)。

(2)

```
# include <stdio.h>
int a = 5;
void fun(int b)
{   int a = 10;
```

```
        a += b; printf("%d\n",a);
    }
    main()
    {   int c = 20;
        fun(c); a += c; printf("%d\n",a);
    }
```
程序运行后的输出结果是(   )

(3) #include <stdio.h>
```
    int f(int x,int y)
    {return ((y-x) * x);}
    main()
    {
      int a = 3,b = 4,c = 5,d;
      d = f(f(a,b),f(a,c));
      printf("%d\n",d);
    }
```
程序运行后的输出结果是(   )。

(4) #include <stdio.h>
```
    int fun(int x,int y)
    {
      if(x == y) return(x);
      else return((x + y)/2);
    }
    main()
    {
      int a = 4,b = 5,c = 6;
      printf("%d\n",fun(2 * a,fun(b,c)));
    }
```
程序运行后的输出结果是(   )。

(5) #include <stdio.h>
```
    int fun()
    {
    static int x = 1;
    x = x * 2; return x;
    }
    main()
    {
      int i,s = 1;
```

```
        for(i = 1;i<= 2;i ++ ) s = fun();
        printf("%d\n",s);
    }
```

程序运行后的输出结果是(　　　)。

(6) #include "stdio.h"

```
    int abc(int u,intv);
    main ()
    {
        int a = 24,b = 16,c;
        c = abc(a,b);
        printf("%d\n",c);
    }
    int abc(int u,int v)
    {
        int w;
        while(v)
        {
            w = u % v;
            u = v;
            v = w;
        }
        return u;
    }
```

程序运行后的输出结果是(　　　)。

(7) #include <stdio.h>

```
    int fun(int x,int y)
    {
        static int m = 0,i = 2;
        i + = m + 1;
        m = i + x + y;
        return m;
    }
    main()
    {
        int j = 4,m = 1,k;
        k = fun(j,m); printf("%d,",k);
        k = fun(j,m); printf("%d\n",k);
    }
```

程序运行后的输出结果是(   )。

(8)

```c
void func1(int i);
void func2(int i);
char st[ ] = "hello,friend!";
void func1(int i)
{
        printf("%c",st[i]);
        if(i<3)
        {
            i += 2;
            func2(i);
        }
}
void func2(int i)
{
    printf("%c",st[i]);
if(i<3)
{
    i += 2;
    func1(i);
}
}
main()
{
    int i = 0;
    func1(i);
    printf("\n");
}
```

程序运行后的输出结果是(   )。

(9)

```c
fun(char p[ ][10])
{
    int n = 0,i;
    for(i = 0;i<7;i++)
      if(p[i][0] == 'T')
        n++;
    return n;
}
main()
```

```
    {
        char str[ ][10] = {"Mon", "Tue", "Wed", "Thu","Fri","Sat","Sun"};
        printf("%d\n",fun(str));
    }
```

程序运行后的输出结果是(　　　)。

(10) #include "stdio.h"

```
    #define F(X,Y) (X)*(Y)
    main()
    {
        int a = 3, b = 4;
        printf("%d\n", F(a++, b++));
    }
```

程序运行后的输出结果是(　　　)。

2.编写程序题。

(1)编写一个函数,使其返回 3 个整数参数中的最大值。

(2)编写一个判断从键盘上输入的数是否为素数的函数,并且通过主函数来调用该函数,将最终的结果输出。

(3)设计一个函数,对传递给它的字符进行判断,如果是英文字母则返回该字母对应的 ASCII 码值。

(4)编程求出 $1+1/2+1/3+\cdots+(n-1)/n$ 的结果。

(5)编写一个函数,在屏幕的左边显示一个用星号绘制的实心正方形。正方形的边长用整数参数 side 指定。例如,side 等于 4,函数的显示结果为:

```
*  *  *  *
*  *  *  *
*  *  *  *
*  *  *  *
```

(6)编写一个带有一个整数参数函数,返回一个与该整数的数字顺序相反的整数。例如,对于一个整数 5632,函数的返回值为:2365。

(7)编写一个函数 distance,计算两点(x1,y2)和(x2,y2)之间的距离。所有数据以及返回类型都是 float 类型。

3.选择题

(1)下面的函数调用语句中 func 函数的实参个数是(　　　)。

func (f2(v1, v2), (v3, v4, v5), (v6, max(v7, v8)));

(A)3　　　　　(B)4　　　　　(C)5　　　　　(D)8

(2)以下关于 return 语句的叙述中正确的是(　　　)。

(A)一个自定义函数中必须有一条 return 语句

(B)一个自定义函数中可以根据不同情况设置多条 return 语句

(C)定义成 void 类型的函数中可以有带返回值的 return 语句

(D)没有 return 语句的自定义函数在执行结束时不能返回到调用处

(3)有以下程序

```
#include <stdio.h>
double f(double x);
void main()
    {double a = 0;int i;
    for(i = 0;i<30;i + = 10)a + = f((double)i);
    printf("%5.0f\n",a);
    }
double f(double x)
    {return x * x + 1;}
```

程序运行后的输出结果是(　　)。

(A)503　　　　　(B)401　　　　　(C)500　　　　　(D)1404

(4)有以下程序

```
#include <stdio.h>
#define N 4
void fun(int a[][N], int b[])
    { int i;
    for(i = 0; i<N; i + + ) b[i] = a[i][i];
    }
main()
    { int x[][N] = {{1,2,3},{4},{5,6,7,8},{9,10}},y[N], i;
    fun(x,y);
    for (i = 0; i<N; i + + ) printf("%d,", y[i]);
    printf("\n");
    }
```

程序的运行结果是(　　)。

(A)1,2,3,4,　　　　(B)1,0,7,0,　　　　(C)1,4,5,9,　　　　(D)3,4,8,10,

(5)有以下程序:

```
#include <stdio.h>
int fun(int x,int y)
{ if(x! = y) return ((x + y)/2);
  else return(x);
}
main()
{ int a = 4, b = 5, c = 6;
  printf("%d\n", fun(2 * a, fun(b, c)));
}
```

程序运行后的输出结果是(　　)。

(A)6　　　　　　(B)3　　　　　　(C)8　　　　　　(D)12

(6)设有如下函数定义 :

```
int fun(int k)
{ if(k<1) return 0;
elseif(k == 1) return 1;
else return fun(k - 1) + 1;
}
```

若执行调用语句:n＝fun(3);,则函数 fun 总共被调用的次数是(　　　)。

(A)2　　　　　　(B)3　　　　　　(C)4　　　　　　(D)5

(7)有以下程序

```
#include <stdio.h>
void  fun(int x)
    {if(x/2>1)fun(x/2);
    printf("%d",x);
    }
void main( )
{fun(7);printf("\n");}
```

程序运行后的输出结果是(　　)。

(A)1 3 7　　　　(B)7 3 1　　　　(C)7 3　　　　(D)3 7

(8)在一个 C 源程序文件中所定义的全局变量,其作用域为(　　)。

(A)由具体定义位置和 extern 说明来决定范围

(B)所在程序的全部范围

(C)所在函数的全部范围

(D)所在文件的全部范围

(9)有以下程序:

```
#include <stdio.h>
int fun()
    { static int x = 1;
    x * = 2;
    return x;
    }
void main()
    { int i,s = 1;
    for(i = 1;i<= 3;i ++ ) s * = fun();
    printf("%d\n",s);
    }
```

程序运行后的输出结果是(　　)。

(A)0　　　　　　(B)10　　　　　(C)30　　　　　(D)64

(10)有以下程序

```
# include <stdio.h>
#define S(x)4 * (x) * x + 1
main()
    {int k = 5,j = 2;
    printf("% d\n",S(k + j));
    }
```

程序运行后的输出结果是(　　　)

(A)197　　　　　　(B)143　　　　　(C)33　　　　　(D)28

第 7 章 指 针

前面学过的各种数据类型及结构都不能很方便地处理内存地址。利用指针变量可以表示各种数据结构;能很方便地使用数组和字符串;并能像汇编语言一样处理内存地址,从而编出精练而高效的程序。指针极大地丰富了 C 语言的功能。学习指针是学习 C 语言中最重要的一环,能否正确理解和使用指针是我们是否掌握 C 语言的一个标志。

通过本章的学习要深刻理解并掌握内存地址、指针的概念;掌握指针变量的定义、引用方法,指针变量作为函数参数的用法;掌握数组指针与指向数组的指针变量的概念、定义和用法;掌握指向字符串的指针的定义和用法等。

指针是 C 语言学习中最为困难的一部分,在学习中除了要正确理解它的基本概念,还必须要多编程,上机调试。只要做到这些,指针也是不难掌握的。

7.1 指针和指针变量

7.1.1 地址和指针的概念

指针是 C 语言中最具特色的内容,也是 C 语言的重要概念和精华所在。我们说 C 语言是既具有低级语言特色又具有高级语言特色的语言,其低级语言特色主要体现在对地址的直接操作,而对地址的直接操作主要是通过指针来实现。可以这样说,学习 C 语言如果不能正确理解和掌握 C 的指针内容就不算真正掌握 C 语言。

1. 变量的地址

在计算机中,内存是连续的存储空间。为了便于对其中某个指定部分进行操作,要对内存进行编址,内存编址的基本单位为字节。对于程序中定义的变量,编译时根据它的类型给它分配一定长度的内存单元。例如,在 VC 6.0 中,short int 型数据占用 2 个字节,int 型和 float 型数据各占用 4 个字节,double 型数据占用 8 个字节,char 型数据占用 1 个字节。分配给每个变量的内存单元的起始地址为该变量的地址。编译后每一个变量都对应一个变量地址。当引用一个变量时就是从该变量名对应的地址开始的若干单元取出数据;当给一个变量赋初值时,则是将数据按该变量定义的类型存入对应的内存单元,于是该变量的地址存入的内容即该变量的值。

例如,若定义:

```
short int x;
float t;
x = 10;
t = 0.618;
```

经过系统编译后它们在内存中的存放情况如图 7－1 所示。

图 7－1　变量在内存中的存储图

2. 指针的概念

用变量名直接从它对应的地址存取变量的值,称为"直接访问"。若将变量 x 的地址存放在另一个变量 P 中,访问时先从 P 中取出变量 x 的地址,再按 x 的地址访问变量 x 的值,这种方式称为"间接访问"。C 语言规定用一种特殊类型的变量来存放地址,这种类型就是指针类型。通过指针类型的变量可以实现"间接访问",C 语言将它称为变量的指针。变量的指针就是变量的地址,即指针 P 存放变量 x 的地址。

因此对于一个内存单元而言,内存单元的地址即为指针,内存单元中存放的数据才是该单元的内容。访问内存地址其实是为了更方便地操作内存中的数据。以上面定义的数据为例,在 1500 地址中存放的是一个整型的变量 x,其值为 10。如果定义一个指针变量 p,p 的地址为 2000,p 的值定义为 1500,那么我们就称 p 是指向变量 x 的指针,如图 7－2 所示。

图 7－2　存放地址的指针变量示意图

指针其实就是一个地址,是一个地址常量。但是指针变量却可以被赋予不同的指针值,即不同的地址值,可以指向不同的地址单元,是个变量。即指针变量专门用于存储其他变量地址的变量,定义指针的目的是为了通过指针去访问内存单元,对内存单元中的数据进行操作。

指针变量的值是一个地址,这个地址不仅可以是变量的地址,也可以是其他数据结构的首地址。用指针指向某种数据结构,其实就是将该数据结构的首地址赋予指针,因为许多数据结构都是连续存放的。所以通过访问指针变量取得了该数据结构的首地址,就可以访问到该数据结构的所有成员。这样就可以用一个指针变量来表示数据结构,只要该指针变量中赋予该数据结构的首地址即可。它可以使程序的概念十分清楚,程序本身也精练、高效,因而表示更为明确,引入"指针"概念非常有用。

【例 7－1】　定义三个变量,输出三个变量的地址。

```c
#include "stdio.h"
main( )
{
    int a = 10;
    float b = 20.0;
    int   c = 30;
```

```
    printf("\n%p %p %p",&a,&b,&c);              // 输出变量 a、b、c 的内存地址
}
```

运行结果：

`0012FF7C 0012FF78 0012FF74`

这里 0012FF7C,0012FF78,0012FF74 为编译系统为变量 a、b、c 分配的内存地址。注意该程序每次运行的结果可能不同。因为每次运行时,编译系统为 a、b、c 分配的内存地址可能不同。在 C 语言中指针就是地址,要注意一般情况下数组的地址是指数组元素序列的首地址。

7.1.2　指针变量的定义和初始化

1. 指针变量的定义

用来存放指针的变量称为指针变量。指针变量也是一种变量,但该变量中存放的不是普通的数据,而是地址。如果一个指针变量中存放的是某一个变量的地址,那么指针变量就指向那个变量。指针变量定义的一般格式：

    数据类型名 * 指针变量名 1, * 指针变量名 2,…;

对指针变量的定义应包括：

①指针数据类型名:说明指针变量所指向变量的类型。指针变量的类型必须与其存放的变量类型一致,即只有整型变量的地址才能放到指向整型变量的指针变量中。

②指针变量名:是指所定义的指针变量的名称,定义时在变量名前加"＊"表示。

例如：

`int * p;`

即定义了一个指向整形变量的指针 p(注意:不是＊p),它是一个指针变量,它所代表的是它所指向的整型变量的地址,具体它指向的是哪个整型变量的地址,这是由该指针变量的初始化工作来决定的。又如：

```
int * p1;        //定义了一个指向整型变量的指针 p1
float * p2;      //定义了一个指向浮点型变量的指针 p2
char * p3;       //定义了一个指向字符型变量的指针 p3
```

说明：

①指针变量所指向的变量类型在定义时已经被确定,在使用过程中不能随便改变,不能时而指向整型,时而指向浮点型。例如上面定义的指针变量 p1 在定义时指向的是整型的变量,在后续的使用过程中,它不能再指向其他数据类型的变量。

②在定义多个指针变量时,可以这样来定义：

`int * p1;`

`int * p2;`

也可以这样来定义：

`int * p1, * p2;`

注意:若想定义 p1,p2 都是指针变量,不可以这样来定义：

`int * p1,p2;`

这种定义方式仅仅定义了一个指向整型变量的指针变量 p1,和一个普通的整型变量 p2,一个"＊"只能定义一个指针变量。

2. 指针变量的初始化

指针变量和其他变量一样,在使用之前必须对其先进行定义,然后进行初始化,也可以在定义的同时进行初始化。

当定义指针变量时,指针变量的值是随机的,不能确定它具体的指向,必须为其赋值才有意义。若使用未经赋值的指针变量将造成系统混乱,甚至出现死机。指针变量的赋值只能赋予地址,绝不能赋予任何其他数据,否则将引起错误。在 C 语言中,变量的地址是由编译系统分配的,对用户完全透明,用户不知道变量的具体地址。C 语言中提供了地址运算符"&"来表示取变量的地址。

指针初始化的一般格式:

　　　　数据类型名 * 指针变量名 = 初始的地址值;

说明:

①变量的初始化中,有两种方法,一种是先定义再赋初值,另一种是在定义的同时赋初值。例如:

```
int a;
int * p1;
 * p1 = &a;
```

这属于第一种方法。

```
float b;
float * p2 = &b;
```

这属于第二种方法。

不管用哪种方法,要将一个变量的地址赋给指针变量,必须先定义该变量。以下的初始化方法就是错误的。

```
float * p2 = &c;
```

由于没有定义变量 c,所以无法将它的地址赋给指针变量 p2。

②指针变量的初始值必须和指针定义时的指向类型一致。例如以下的初始化方法就是错误的。

```
int a;
float * p;
p = &a;
```

由于 p 和 a 的类型不一致,不可以将一个 int 类型的变量 a 地址赋给一个指向 float 类型的变量指针 p。

③在初始化的过程中,不能将地址以外的值赋给指针,否则系统会将它当成地址来处理,这样对内存会进行误操作,引起很严重的后果。

例如:

```
int * a = 100;
```

这是严重的错误。

④可以将一个地址的值赋给另一个地址。

例如:

```
int a;
```

```
int * p1 = &a;
int * p2 = p1;
```

事实上 p1 和 p2 指向的是同一个内存单元,都是指向整形变量 a。

⑤p1＝&a;是将 a 的地址赋给 p1,* p1＝3;是给 p1 所指向的变量赋值为 3,两者的意义完全不同。

⑥在初始化中可以将一个指针初始化为一个空指针。

如:int * p＝0;

在 C 语言中定义,如果将一个指针初始化为 0,则说明该指针没有指向任何的内存空间,是一个空指针。

7.1.3　指针变量的引用和运算

1.指针变量的引用

当指针变量定义和赋值之后,引用变量的方式可以用变量名直接引用,也可以通过指向变量的指针间接引用。

在 C 语言中对指针变量的应用,由取地址定义符"&"和取值运算符"*"来完成。取地址运算符"&"在前面的学习中已经见过。例如,在使用 scanf()函数进行输入时就使用了"&"运算符将数据存储到指定的存储空间。在指针运算中,取地址运算符可用来将变量的地址赋给指针变量。取值运算符"*"可用来对指针内容的访问(或称"间接访问")。

注意:

①指针变量定义和应用指向变量所出现的"*"的含义有所差别。在指针变量定义中的"*"理解为指针类型定义符,表示定义的变量是指针变量。在引用指向变量中的"*"是运算符,表示访问指针变量所指向的变量。

②"&"是取某个变量的地址,"*"则是"&"的逆运算,即取某个地址上存放的值。例:一个整数 int a ＝ 2;

如果你再定义一个指针 int * p ＝ &a;

此时 p 的值是 a 的地址,即 &a,而 * p 是取 p 地址上的值,就是取 a 的值。

③"&"和"*"都是单目运算符,它们的优先级相同,按从右向左的方向结合。

④不能引用没有赋初值的指针变量。

【例 7－2】　指针变量实例。输入 a 和 b 两个整数,按先大后小的顺序输出 a 和 b。

```
main()
{
  int * p1, * p2, * p,a,b;          //这里的"*"是定义指针变量 p1,p2,p
  scanf(,&a,&b);
  p1 = &a;p2 = &b;                  //指针 p1 和 p2 分别指向变量 a 和 b
  if(a<b)
  {
    p = p1;                         //交换两个指针的内容。即 p = &a;p1 =
                                    //&b;p2 = &a
    p1 = p2;
```

```
    p2 = p;
  }
  printf("\na = %d,b = %d\n",a,b);
  printf("max = %d,min = %d\n", * p1, * p2);//这里"*"是引用指针变量 p1,p2 所指
                                            //向的变量
}
```

运行结果:

```
5,6
a = 5,b = 6
max = 6,min = 5
```

2. 指针的运算

指针的运算一般分为加法和减法运算,指针可以加上或减去一个整数,但是指针的这种运算的意义和通常的数值加减运算的意义是不一样的。指针的主要运算符是取地址运算符(&)和指针取值运算符(*)(或称"间接访问"运算符)。指针运算有指针变量赋值和指针的取值。

(1)指针变量赋值。

将一个变量的地址赋给一个指针变量。如:

```
int * p;
p = &a;                 //将变量 a 的地址赋给 p
p = array;              //将数组 array 的首地址赋给 p
p = &array[i];          //将数组 array 第 i 个元素的地址赋给 p
p1 = p2;                //p1 和 p2 都是指针变量,将 p2 的值赋给 p1
```

【例 7 - 3】 用取地址运算符"&"取变量(包括指针变量)地址。

```
#include "stdio.h"
main()
{
  int a, * pa;                      // 定义整型变量 a 和指针变量 pa
  pa = &a;                          // pa 指向 a
  printf("\naddress of a:%p",&a);   // 输出变量 a 的地址
  printf("\npa = %p",pa);           // 输出变量 pa 的值
  printf("\naddress of pa:%p",&pa); // 输出指针变量 pa 的地址
}
```

程序运行的结果:

```
address of a:0012FF7C
pa = 0012FF7C
address of pa:0012FF78
```

(2)指针的取值。

可以通过"*"运算符来取出相应地址中的变量值。

例如:

```
int a = 10;
```

```
int ＊p = &a;
printf("% d",＊p);
```

在上例中,定义了一个整型变量 a 和一个指向整型变量的指针 p。指针 p 指向的是 a 的地址,最后将 p 指向内存单元的值输出,即将 a 的值 10 输出。

【例 7 - 4】　定义指针变量,使用指针运算符"＊"进行指针变量的引用。

```
＃include <stdio.h>
main()
{
    int a,＊pa;              //定义整型变量 a 和指针变量 pa
    pa = &a;                //pa 指向 a
    ＊pa = 10;               //向 pa 指向的内存中存放数据 10
    printf("\na = % d",a);
    a = 20;                 //将 20 赋给 a
    printf("\n＊pa = % d",＊pa);  //输出 pa 所指向的内存单元的数据
}
```

运行结果是:

```
a = 10
＊pa = 20
```

从程序运行的结果看指针变量 pa 指向 a 以后,＊pa 等价于 a,即对＊pa 和 a 的操作效果是相同的,如图 7 - 3 所示。

图 7 - 3　使用指针运算符"＊"进行指针变量的引用示意图

(3)指针变量加(减)一个整数。

可以通过加法运算将一个整数加给一个指针,或者给指针加上一个整数。这种加法的规则和一般加法的规则有所不同,它是将整数和指针所指类型的字节数相乘,再加到指针所指向内存单元的地址上。这种运算适合于数组的运算,因为数组的内存空间的申请是连续的。所以一个指针变量加(减)一个整数并不是简单地将原值加(减)一个整数。

(4)指针的自增和自减。

指针变量也可以进行增加和减小的运算,即通过＋＋和－－运算符来运算。运算规则为:指针所指向内存单元的地址上加上或者减去该指针所指向内存单元的字节数。在数组运算中,＋＋和－－运算符可以指向前一个和后一个元素。

(5)空值运算。

空值运算是指该指针变量不指向任何变量,即:

```
p = NULL;
```

(6)两个指针变量相减。

两个指针变量相减,结果为两个指针的差值,采用这种方法可以求出两元素之间的距离。

差值的单位指的是指针所指向内存的大小。

　　两个指针变量进行有效减法运算的前提条件是两个指针变量指向同一个数组,这样才有意义,若指向不同数组,指针变量也可以做减法运算,但是这样做是没有意义的,并且可能会导致运行时的错误。

　　注意:两个指针变量不能做加法运算。

　　(7)两个指针变量比较。

　　如果两个指针变量指向同一个数组的元素,则两个指针变量可以进行比较。指向前面的元素的指针变量"小于"指向后面的元素的指针变量。

　　注意:比较的前提条件是两个指针指向相同类型的变量。

　　例如:

```
int * p1, * p2, K;
int a[10] = {1,3,5,7,9,11,13,15,17,19};
p1 = a;           //p1 指向数组首元素地址,即 p = &a[0]
p2 = a;           //p2 指向数组首元素地址,即 p = &a[0]
p1 + + ;          //p1 指向数组中下一元素,即 a[1]
K = * p1;         //将 p1 所指元素内容赋给 K,K = 3
K = * (p1 + 3);   //将 p1 后第三个元素内容赋给 K,K = 9,但 p1 本身不改变
K = * p1 + 2;     //将 p1 所指元素内容加 2 后赋给 K,K = a[1] + 2 = 5
if(p1>p2)         //比较两个指针所指数组元素的下标
K = p1 - p2       //将 p1 与 p2 所指数组元素的下标相减,求得两元素间的下标差值
                  //此时 p1 指向 a[1],p2 指向 a[0],则 K = p1 - p2 = 1 - 0 = 1
```

7.2　指针和数组

7.2.1　指针和一维数组

　　数组和指针的关系十分紧密,在一个程序中二者往往相伴而行。

　　一个数组是由连续的一块内存单元组成的。数组名就是这块连续内存单元的首地址,一个数组也是由各个数组元素(下标变量)组成的。每个数组元素按其类型不同分别占有几个连续的内存单元,一个数组元素的首地址也是指它所占有的几个内存单元的首地址。一维数组是一个线性表,它被存放在一片连续的内存单元中。C 语言对数组的访问是通过数组名(数组的起始位置)加上相对于起始位置的位移量,得到要访问的数组元素的单元地址,然后再对计算出的单元地址的内容进行访问。

　　C 语言的指针和数组间有密切关系,在这里可以以指针作为媒介,方便地完成对数组成员的各种操作。它们之间在很多情况下都可以互换。数组名就是一个常量指针,指针也可以对数组进行操作。当然,通过指针访问数组元素时,同样需要注意不要出现数组越界访问的错误。C 语言对数组的处理,实际上是转换成指针的运算。数组与指针暗中结合在一起,因此,任何能由数组下标完成的操作,都可以用指针来实现,一个不带下标的数组名就是一个指向该数组的指针。

　　数组的下标在编译时要被转换为指针来表示,所以使用指针来表示数组可以使得系统的编译时间减少。但是在使用指针来表述数组时,程序可能会变得复杂难懂,所以在进行数组操作时,尽量地使用下标法,虽然编译比较费时,但是程序看起来比较清晰。

　　数组的指针是指数组在内存中的起始地址,数组元素的指针是指数组元素在内存中的起始地址。

　　例如:

```
int a[10];        //定义一维数组 a
int * p           //定义指针 p
p=a;              //赋值后 p 指向数组 a 的 0 号元素,与 p=&a[0]定义一致
```

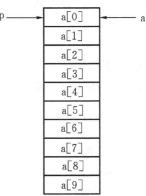

　　由于数组名是指向数组 0 号元素的指针类型的符号常量,所以数组 a 与 &a[0] 是相等的,即 p=a;和 p=&a[0];是等价的,如图 7-4 所示。

　　通过以上的例子,注意指针引用数组时需要注意以下几点:

　　①p=a;不是把 a 中所有的元素赋给 p,而是让 p 指向 a 数组的 0 号元素。

　　②p[i]和 a[i]都是代表该数组的第 i+1 个元素。

　　③p+i 和 a+i 代表了第 i+1 个元素的地址,即 a[i]的地址。所以我们也可以使用 *(p+i)和 *(a+i)来引用对象元素。

　　④p+1 不是对于指针数量上加 1,而是表示从当前的位置起跳过当前指针指向类型长度的空间,对于 VC 6.0 的 int 为 4 byte。

图 7-4　指针和数组名与数组的关系

　　所以引用一个数组元素就可以使用以下两种方式:

　　①下标法:即用 a[i]或 p[i]形式访问数组元素。

　　②指针法:即采用 *(a+i)或 *(p+i)形式,用间接访问的方法来访问数组元素,其中 a 是数组名,p 是指向数组的指针变量。

　　【例 7-5】 从键盘上输入数组的十个整型变量值,再输出到屏幕上。有四种应用数组的方法可以实现。

　　第一种:使用指针来引用数组元素。

```
#include <stdio.h>
main()
{
    int * p,i,a[10];
    p=a;
    for(i=0;i<10;i++)
      scanf("%d",p++);
    p=a;
    for (i=0;i<10;i++,p++)
      printf ("%3d", * p);
}
```

第二种:使用下标来引用数组元素。

```c
#include <stdio.h>
main ()
{
    int * p,i, a[10];
    p = a;
    for (i = 0;i<10;i ++)
        scanf ("% d",&a[i]);
    p = a;
    for (i = 0;i<10;i ++)
        printf ("% 3d",a[i]);
}
```

第三种:使用指针下标来引用数组元素。

```c
#include <stdio.h>
main ()
{
    int * p,i,a[10];
    p = a;
    for (i = 0;i<10;i ++)
        scanf("% d",&p[i]);
    p = a;
    for(i = 0;i<10;i ++)
        printf("% 3d",p[i]);
}
```

第四种:使用数组名引用数组元素。

```c
#include <stdio.h>
main()
{
    int * p,i,a[10];
    p = a;
    for (i = 0;i<10;i ++)
        scanf("% d",a + i);
    p = a;
    for(i = 0;i<10;i ++)
        printf("% 3d",* (a + i));
}
```

几个注意的问题:

(1)指针变量可以实现本身的值的改变。如 p++是合法的,而 a++是错误的。因为 a 是数组名,它是数组的首地址,是常量。

(2)定义数组时它包含 10 个元素,但指针变量可以指到数组以后的内存单元,系统并不报错,这样做是很危险的。

(3) * p++,由于++和 * 优先级相同 ,结合方向自右而左,等价于 * (p++)。

(4) * (p++)与 * (++p)作用不同。若 p 的初值为 a,则 * (p++)等价 a[0], * (++p)等价 a[1]。

(5)(* p)++表示 p 所指向的元素值加 1。

(6)如果 p 当前指向 a 数组中的第 i 个元素,则:

* (p--)相当于 a[i--];

* (++p)相当于 a[++i];

* (--p)相当于 a[--i]。

(7)++ * p,(* p)++, * p++, * ++p 四者之间的区别:

① ++ * p 相当于++(* p),先给 p 指向的变量的值加 1,然后取该变量的值。

②(* p)++先取 p 所指向变量的值,然后对该变量的值加 1。

③ * p++相当于 * (p++)表示取 p 所指向的值,然后 p 加 1。

④ * ++p 相当于 * (++p)表示先给 p 的值加 1,然后再取 p 所指向的变量值。

(8)对一维数组元素的引用如图 7-5 所示。该图左边表示数组 a 的地址表示方式,右边表示对数组 a 的引用方式。

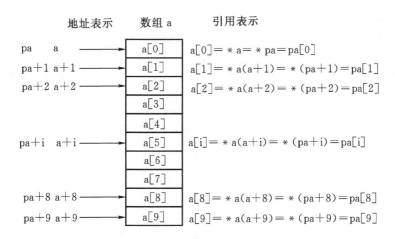

图 7-5 一维数组元素的引用

【例 7-6】 指针运算与数组下标。

```c
#include <stdio.h>
main ( )
{
    int a[10] = {10,20,30,40,50,60,70,80,90,100}, * p,i;
    p = a;
    for (i = 0; i<10 ; i++)
    printf ("%3d", * p++);          // * p++等价 * (p++)
    p = a;
```

```
    printf("\n");
    for (i = 0; i<10 ; i++)
        printf ("%3d",(*p)++);    //先取*p指向变量的值,然后对该变量值加1
}
```

输出:

10 20 30 40 50 60 70 80 90 100

11 12 13 14 15 16 17 18 19 20

7.2.2　指针和二维数组

本节着重介绍指针和多维数组的关系,以及如何使用指向多维数组的指针变量来表示多维数组中的元素,前面介绍了多维数组的概念及其引用方法,由于二维数组是多维数组中比较容易理解的一种,并且它可以代表多维数组处理的一般方法,所以本节主要讨论指针和二维数组的关系。

1.二维数组地址和值的表示方法

设有整型二维数组 a[3][4]如下:

$$
\begin{array}{cccc}
0 & 1 & 2 & 3 \\
5 & 6 & 7 & 8 \\
10 & 11 & 12 & 13
\end{array}
$$

它的定义为:

int a[3][4] = {{0,1,2,3},{5,6,7,8},{10,11,12,13}}

说明:

①二维数组名 a 是二维数组的首地址,包含三个元素 a[0],a[1],a[2],如图 7-6 所示。

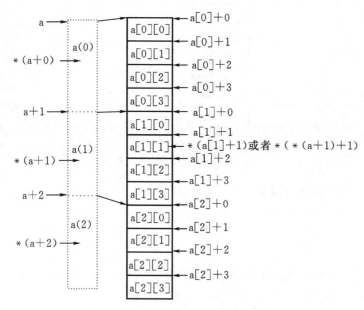

图 7-6　二维数组与一维数组关系

②每个元素 a[i]，又是一个一维数组，包含 4 个元素。a+i 为第 i 行的首地址。

③a[i]、*(a+i)均表示第 i 行第 0 列的元素地址。

④a[i]+j、*(a+i)+j 均表示第 i 行第 j 列的元素地址。

⑤*(a[i]+j)、*(*(a+i)+j)和 a[i][j]均表示第 i 行第 j 列的元素的值。

设每个数组元素占用 2 个字节。二维数组引用形式的含义及内容见表 7-1 所示。

表 7-1　二维数组引用形式的含义及内容

引用形式	含　义	地　址
a,&a[0]	二维数组名,a[0]行元素的初地址	1000
a[0],*(a+0),*a,&a[0][0]	a[0]数组名,0 行 0 列元素的地址	1000
a[0]+1,*a+1,&a[0][1]	a[0]行 1 列元素的地址	1002
a+1,&a[1]	a[1]数组元素的地址	1010
a[1],*(a+1),&a[1][0]	a[1]数组名,1 行 0 列元素的地址	1010
a[1]+4,*(a+1)+4,&a[1][4]	a[1]行 4 列元素的地址	1018
(a[2]+4),(*(a+2)+4),a[2][4]	a[2]第 4 列的元素	1028

2. 指向二维数组的指针变量

指向二维数组指针变量的定义形式：

　　　　数据类型名（*变量名)[元素个数]

"*"表示其后的变量名为指针类型，[元素个数]表示目标变量是一维数组，并说明一维数组元素的个数。由于"*"比"[ ]"的运算级别低，"*变量名"作为一个说明部分，两边必须加圆括号。"数据类型标识符"是定义二维数组元素的类型。

把二维数组 a 分解为一维数组 a[0]、a[1]、a[2]之后，设 p 为指向二维数组的指针变量，可定义为：

　　int（*p)[4]

它表示 p 是一个指针变量，它指向包含 4 个元素的一维数组。若指向第一个一维数组 a[0]，其值等于 a,a[0]或 &a[0][0]等。而 p+i 则指向一维数组 a[i]。从前面的分析得出，*(p+i)+j 是二维数组 i 行 j 列的元素的地址，而 *(*(p+i)+j)则是 i 行 j 列元素的值，如图 7-7 所示。

引用一个二维数组元素也可以使用下标法和指针法。

【例 7-7】　对二维数组中的元素进行输出。

第一种:使用下标法引用二维数组元素。

#include <stdio.h>

main()

{

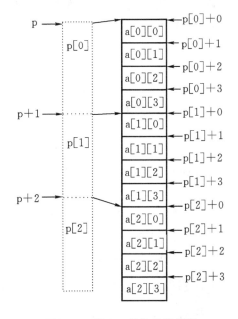

图 7-7　指向二维数组的指针

```
    int a[3][4] = {0,1,2,3,4,5,6,7,8,9,10,11};
    int i,j;
    for(i = 0;i<3;i ++)
    {
        for(j = 0;j<4;j ++)
            printf("%2d   ",a[i][j]);
        printf("\n");
    }
}
```

第二种:使用指针和下标引用二维数组元素。

```
#include <stdio.h>
main()
{
    int a[3][4] = {0,1,2,3,4,5,6,7,8,9,10,11};
    int i,j;
    for(i = 0;i<3;i ++)
    {
        for(j = 0;j<4;j ++)
            printf("%2d   ", *(a[i] + j));
        printf("\n");
    }
}
```

第三种:使用指针引用二维数组元素。

```
#include <stdio.h>
main()
{
    int a[3][4] = {0,1,2,3,4,5,6,7,8,9,10,11};
    int( * p)[4];
    int i,j;
    p = a;
    for(i = 0;i<3;i ++)
    {
        for(j = 0;j<4;j ++)
            printf("%2d   ", *( *(p + i) + j));
        printf("\n");
    }
}
```

第四种:使用指针引用二维数组元素。

```
#include <stdio.h>
```

```
main()
{
    int a[3][4] = {0,1,2,3,4,5,6,7,8,9,10,11};
    int( * p)[4];
    int i,j;
    for (p = a; p<a + 3; p + + )
    {
        for (j = 0; j<4; j + + )
            printf("% 4d", * ( * p + j));
        printf("\n");
    }
}
```

7.2.3　指针数组

一个数组,其每个元素均为指针类型变量称为指针数组。也就是说,指针数组中的每个元素都存放一个指针变量。

指针数组说明的一般格式为:

　　　　＜存储类型＞ ＜数据类型＞ ＊＜数组名＞[＜数组长度＞];

对指针数组做完整说明的一般格式是:

　　　　＜存储类型＞ ＜数据类型＞ ＊＜数组名＞[＜数组长度＞] = {初值列表};

在这个定义中由于"[ ]"比"＊"的优先级高,所以数组名先与"[数组长度]"结合,形成数组的定义形式,"＊"表示此数组中的每个元素都是指针类型,"数据类型标识符"说明指针的目标变量的数据类型。例如:

int * p1[10];　　//不能写成 int (* p1) [10] ＊ ,它是指向一维数组的指针变量

char * p2[5];

又例如:

char c[4][8] = {"Fortran","COBOL","BASIC","Pascal"};

char * cp[4] = {c[0],c[1],c[2],c[3]};

具体的指向关系如图 7 - 8 所示。

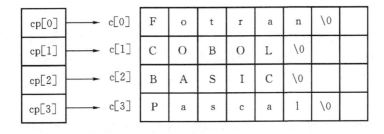

图 7 - 8　指针数组与二维数组的指向关系

例如：

```
char * str[5] = {"int","long","char","float","double"};
int   a[2][3];
int   * p[2] = {a[0],a[1]};
```

指针数组元素，既是一个数组元素，又是一个指针。因此引用起来，既要注意到它的数组元素特征，也要注意到它的指针特征。

说明：

字符指针数组与二维字符数组比较：二维字符数组表示的字符串在存储上是一片连续的空间，但中间可能有很多空的存储单元，因为作为数组定义，需要指定列数为最长字符串的长度加 1，而实际上各字符串长度一般并不相等。字符指针数组表示的字符串在空间上是分散的。

例：char c1[ ][6] = {"red", "green", "blue"};
　　char * c2[ ] = {"red", "green", "blue"};

【例 7-8】 要求输入 0,1,2,3,4,5,6,7,8,9,10,11 分别输出：January,February,March, April,May,June,July,August,September,October,November,December,字符串。

```
main()
{
    char * month [12] = {"January","February","March","April",
    "May","June","July","August","September","October","November","December"};
    intmonth1;
    printf("Enterthe No of month. : ");
    scanf(" % d",& month1);
    if (month1 >= 0 && month1<= 11)
      printf("No. % d  month —— % s\n", month1, month [month1]);
}
```

输入：

10

输出：

No.10 month ——November

7.3　指针与字符串

C 语言还提供了基于指针变量来实现字符串的方法。由于指针变量是一个变量，它能够接受赋值。当把一个地址赋给它时，指针的指向也就随之改变。因此，利用字符型指针变量进行字符串处理，在程序中使用起来会感到便利和简捷。让一个指针变量指向字符串常量的方法有两种。

1. 指向字符串的指针

定义一个字符型指针，使该指针指向字符串起始地址，就可以使用该指针进行字符串的引用。

定义字符指针的格式为：

```
char * 指针变量名；                  //定义时没有初始化
char * 指针变量名 = 字符串常量；       //定义时进行初始化
```

在程序中,直接将字符串常量赋给一个字符型指针变量,格式为:

　　char * 指针变量名;

　　指针变量名 = 字符串常量;

无论采用哪种方法,都只是把字符串常量在内存的首地址赋给了指针,而不是把这个字符串赋给了指针。指针只能接受地址。

在 C 语言中,可以用两种方法访问一个字符串。

(1)用字符数组存放一个字符串,然后输出该字符串。

【例7-9】　使用数组名输出字符串。

```
main()
{
    char str [ ] = "Program!";
    printf(" % s\n",str);
}
```

输出:

```
Program!
```

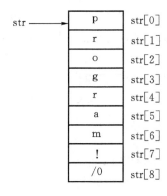

说明:和前面介绍的数组属性一样,str 是数组名,它代表字符数组的首地址,如图7-9所示。

(2)用字符指针指向一个字符串。

图7-9　字符数组和字符串的关系

【例7-10】　使用指针输出字符串。

```
main()
{
    char * str;
    str = "Program!";
    printf(" % s\n",str);
}
```

输出:Program!

【例7-11】　输出字符串中 n 个字符后的所有字符。

```
main()
{
    char * ps = "I love our country";
    int n = 10;
    ps = ps + n;
    printf(" % s\n",ps);
}
```

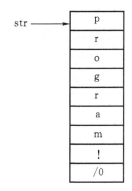

7-10　字符指针和字符串的关系

输出结果为:

```
country
```

2. 字符指针与字符数组的区别

用字符数组作字符串和用字符指针指向的字符串是有区别的,如:

char ＊ str ＝ ″Programming″;与 char a[ ] ＝ ″Programming″;

它们的区别如下：

(1)str 是指针变量,可多次赋值,a 是数组名表示地址常量,不能赋值,且 a 的大小固定,预先分配存储单元。

(2)它们的类型、大小不同;str 是指针,a 是数组,它们的存储也不同。

(3)a 的元素可重新赋值,不能通过 str 间接修改字符串常量的值,如若修改,后果无法预料。

用字符数组和字符指针变量都可实现字符串的存储和运算,但是两者是有区别的。在使用时应注意以下几个问题：

(1)字符串指针变量本身是一个变量,用于存放字符串的首地址。而字符串本身是存放在以该首地址为首的一块连续的内存空间中并以"\0"作为串的结束。字符数组是由于若干个数组元素组成的,它可用来存放整个字符串。

(2)对字符串指针方式。

char ＊ ps ＝ ″C Language″;

可以写为：

char ＊ ps;

ps ＝ ″C Language″;

而对数组方式：

static char st[ ] ＝ {″C Language″};

不能写为：

char st[20];

st ＝ {″C Language″};

而只能对字符数组的各元素逐个赋值。

(3)当一个指针变量在未取得确定地址之前使用它时是危险的,容易引起错误。但是对指针变量直接赋值是可以的,因为 C 系统对指针变量赋值时要给以确定的地址。

从以上几点可以看出字符串指针变量与字符数组在使用时的区别,同时也可看出使用指针变量更加方便。

7.4　指针与函数

7.4.1　指针变量作为函数参数

C 语言调用函数时,实参传递给形参是采用值传递的方式。函数对参数的修改结果不会带回主调函数。但编写程序时,函数常需要将多个变量的修改结果返回到主调函数。如果用指针变量作为形参,就可以将地址的值传递实现指向变量的引用传递。于是,主调函数与被调函数之间数据传递的方法有以下几种：

(1)实参与形参之间的数据传递;

(2)被调函数通过 return 语句把函数值返回到主调函数;

(3)通过全局变量交换数据;

(4)利用指针型参数在主调函数和被调函数之间传递数据。

指针变量作为函数参数是一种地址传递的方式。它的特点是：共享内存，"双向"传递。

假设程序里常要交换两个整型变量的值，我们想为此写函数 swap，希望调用 swap 能交换两个变量的值。由于操作中需要改变两个变量，显然不能靠返回值（返回值只有一个）。不仔细考虑也可能认为这个问题很简单，有人可能会写出下面函数定义：

```
swap(int x,int y)
{
    int temp;
    temp = x;
    x = y;
    y = temp;
}
main()
{
    int a = 10,b = 20;
    swap(a,b);
    printf("\n%d, %d\n",a,b);
}
```

执行后会发现变量 a 和 b 的值没有变。上述定义失败的原因在于 C 语言的参数机制：调用 swap 时 a 和 b 的值送给形参 x 和 y，虽然函数里面交换了 x 和 y 的值，但不会影响调用的实参 a 和 b。调用结束时局部变量 x 和 y 被撤消，a 和 b 的值没有改变。函数调用时形参与实参关系如图 7－11 所示。

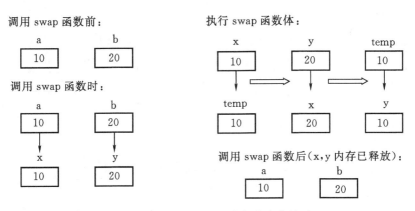

图 7－11 函数调用时形参与实参的关系

所以程序运行之后 a、b 的值并没有发生变化，只是在 swap() 函数中的局部变量 x、y 发生了变化，x、y 得到的值只是 a、b 的一份拷贝，它的变化不会影响 a、b 值。利用指针机制可以解决这个问题：将 a、b 的地址通过指针传递给 swap() 函数。

```
swap(int * p1, int * p2)          //将 a 和 b 的地址赋给 p1 和 p2

{
    int temp
```

```
        temp = * p1;
        * p1 = * p2;                        //交换指针变量 p1 和 p2 指向的整型变量,即交
                                            //换 a 和 b
        * p2 = temp;
    }
    main()
    {
        int a = 10,b = 20;
        int * pointer_a, * pointer_b;       //定义指针变量
        pointer_a = &a;   pointer_b = &b;   //使指针变量指向整型变量 a 和 b
        swap(pointer_a,pointer_b);          //实参为 a 和 b 的地址
        printf("\n% d, % d\n",a,b);
    }
```

这时 swap( )有两个整型指针参数。需要交换值的变量是 a 和 b,调用形式为:swap(pointer_a, pointer_b),调用中将指向 a 和 b 的指针变量 pointer_a、pointer_b 传递给了函数的指针参数 p1 和 p2,函数体里通过对 p1 和 p2 的间接访问,就能交换 a 和 b 值了。函数调用时形参与实参的关系如图 7 - 12 所示。

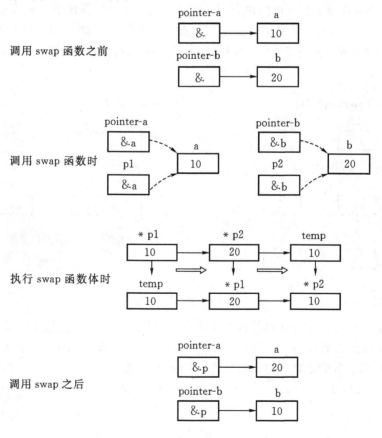

图 7 - 12　函数调用时形参与实参的关系

【**例 7 – 12**】 输入 a、b、c 这 3 个整数,按大小顺序输出。

```
swap(int * pt1,int * pt2)
{
    int temp;
    temp = * pt1;
    * pt1 = * pt2;
    * pt2 = temp;
}
exchange(int * q1,int * q2,int * q3)
{
    if( * q1< * q2)
        swap(q1,q2);
    if( * q1< * q3)
        swap(q1,q3);
    if( * q2< * q3)
        swap(q2,q3);
}
main()
{
    int a,b,c, * p1, * p2, * p3;
    scanf("% d,% d,% d",&a,&b,&c);
    p1 = &a;
    p2 = &b;
    p3 = &c;
    exchange(p1,p2,p3);
    printf("\n% d,% d,% d \n",a,b,c);
}
```

运行结果:

输入:

12,16,5

输出:

16,12,5

7.4.2 指向函数的指针变量

1. 函数指针的定义

在 C 语言中,一个函数总是占用一段连续的内存区,并且函数名具有与数组名类似的特性,数组名代表数组的首地址,函数名代表函数的起始地址(即该函数的程序代码段在内存中所占用的存储空间的首地址,也称函数入口地址)。不同的函数有不同的函数地址,编译器通过函数名来索引函数的入口地址。

为了方便操作类型属性相同的函数,C 语言引进了函数指针(function pointer)。可以把函数的这个首地址(或称入口地址)赋予一个指针变量,使该指针变量指向该函数。然后通过指针变量就可以找到并调用这个函数。我们把这种指向函数的指针变量称为"函数指针变量"。

函数指针的定义形式为:

　　　　数据类型名　(∗函数指针名)();

其中,"(∗函数指针名)"表示该变量名定义为函数的指针变量;空括号"()"表示指针变量指向的是一个函数;"数据类型名"定义了该函数的返回值类型。

例如:int (∗pf)();

定义了一个指向函数的指针变量,该函数的返回值是整型。pf 是用来放函数的入口地址,它在没有赋值前不指向一个具体的函数。

2. 函数指针的初始化与使用

函数指针是函数代码入口地址的变量,本身不提供独立的函数代码。访问函数指针之前需要初始化,函数名代表函数代码的入口地址。

函数指针初始化的形式有两种:一是直接赋值,二是加取地址运算符"&"赋值。格式如下:

　　　　函数指针名 = 函数名;

　　　　函数指针名 = & 函数名;

也可以在定义时进行初始化:

　　　　数据类型名(∗函数指针名)() = & 函数名;

　　　　数据类型名(∗函数指针名)() = 函数名;

函数指针与变量指针的共同之处是都可以做间接访问。变量指针指向内存的数据存储区,通过间接存取运算访问目标变量;函数指针指向内存的程序代码存储区,通过间接存取运算使程序流程转移到指针所指向的函数入口,取出函数的机器指令并执行函数,完成函数的调用。

用函数指针变量调用函数的一般形式为:

　　　　(∗函数指针变量名)(实参表);

由于优先级不同"∗函数指针变量名"必须用圆括号括起来,表示间接调用指针变量所指向的函数;右侧括号中的内容为传递到被调函数的实参表。

【例 7 - 13】 函数指针调用函数。

```
main()
{
    int max( ),a,b,c;          // 声明被调用的目标函数 max
    int (∗p)( );               // 定义 p 为指向整型函数的指针变量
    p = max;                   // 用指针变量存储函数入口地址
    scanf("%d,%d",&a,&b);
    c = (∗p)(a,b);             // 用指针变量调用函数
    printf("max = %d",c);
}
```

```
int max(int x,int y)            // 函数名是函数的入口地址
{
    if(x>y)
      return x;
    else
      return y;
}
```

运行结果：

1,50

max = 50

在本例中，首先定义了一个 max 函数和一个函数指针，并将函数指针初始化为指向 max 函数，最终通过函数指针来调用函数。使用函数名和指针的调用效果是相同的。例如：

c = (* p)(a,b);

c = max(a,b);

它们的调用效果是相同的。

7.4.3　返回指针值的函数

前面介绍过，函数类型是指函数返回值的类型。在 C 语言中允许一个函数的返回值是一个指针（即地址），这种返回指针值的函数称为指针型函数。

返回指针的函数的一般说明形式为：

　　　数据类型名　 * 函数名(参数表);

如：double 　 * fa(int x,double y);

其中函数名前的"*"表示函数的返回值是一个指针类型，"数据类型名"是指针所指向的目标变量的类型。

说明：

① 指针函数中 return 的返回值必须是与函数类型一致的指针；

② 返回值必须是外部或静态存储类别的变量指针或数组指针，以保证主调函数能正确使用数据。

注意：不要把返回指针的函数的说明与指向函数的指针变量的说明混淆起来，注意函数指针变量和指针型函数这两者在写法和意义上的区别。如 int(* func)()和 int * func ()是两个完全不同的量。

int(* func)(…)是一个变量说明，说明 func 是一个指向函数入口的指针变量，该函数的返回值是整型量，(* func)的两边的括号不能少。

而 int * func(…)则不是变量说明而是函数说明，说明 func 是一个指针型函数，其返回值是一个指向整型量的指针，* func 两边没有括号。作为函数说明，在括号内最好写入形式参数，这样便于与变量说明区别。如果对于指针型函数定义，int * func()只是函数头部分，一般还应该有函数体部分。

【例 7 - 14】 用户输入一个月份号(如 11)，程序输出对应月份的英文名(November)。

♯ include　 <stdio.h>

```c
char * month_name(int n);
void main(void)
{
    int n;
    char * p;
    printf("Input a number of a month\n");
    scanf("%d",&n);
    p = month_name(n);
    printf("lt is %s\n",p);
}
char * month_name(int n)
{
    static char * name[ ] = { "Illegalmonth","January","February","March","April",
    "May","June", "July","August","September","October","November","December"};
    if(n<1||n>12)
      return(name[0]);
    else
      return(name[n]);
}
```

本例中定义了一个指针型函数 month_name,它的返回值指向一个字符串。该函数中定义了一个静态指针数组 name。name 数组初始化赋值为 13 个字符串,分别表示出错信息和各个月的英文名称。形参 n 表示是与月名所对应的整数。在主函数中,把输入的整数 n 作为实参,调用 month_name 函数并把实参 n 值传送给形参 n。month_name 函数中的 return 语句包含一个条件表达式,n 值若大于 12 或小于 1 则把 name[0]指针返回主函数输出出错提示字符串"Illegal month";否则,返回主函数输出对应的月名。

【例 7 - 15】 编写一个函数 match,它的功能是在一个字符串中寻找某个字符,如找到,返回第一次找到的该字符在字符串的位置;否则,返回空指针 NULL。

```c
# include <stdio.h>
char * match(char c, char * s)
{
    while( * s ! = '\0')
    if( * s == c)   return(s);          //返回指针
    else   s ++ ;
    return(0);
}
main( )
{
    char * cp = "ABCDEFGHIJK";
    printf("%s\n", match('B', cp));
```

```
        printf("%s\n", match('I',cp));
        printf("%s\n", match('a',cp));
}
```

输出：

BCDEFGHIJK

IJK

本例中定义了一个指针型函数 match，它的返回值指向一个字符串。有两个形式参数，分别为一个字符型变量 c 和一个指向字符类型的指针 s。它的功能是在 s 指向的字符串中查找字符 c，并且将字符 c 所在位置之后的字符串输出。在主函数中，第一个 printf 语句将实参"B"传递给形参 c，并且将实参指针 cp 传递给形参 s。即在 cp 指向的字符串中查找字符"B"，并把"B"位置以后的字符串输出。后面的两条 printf 语句也都一样。

7.5　指向指针的指针

如果一个指针变量存放的又是另一个指针变量的地址，则称这个指针变量为指向指针的指针变量。

前面已经介绍过，通过指针访问变量称为间接访问。由于指针变量直接指向变量，所以称为"单级间接地址"。而如果通过指向指针的指针变量来访问变量则构成"二级间接地址"。

指向指针的指针变量是多级间接地址的一种形式，如图 7 - 13 所示。

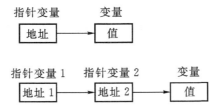

图 7 - 13　指针和指向指针的指针与变量的关系

指向指针的指针的定义形式为：

```
        数据类型名　**p;
```

其中的"＊＊"表示其为指向指针的指针。

例如：

```
        int　a，*p = &a，**pp = &p;
```

具体的指向如图 7 - 14 所示。

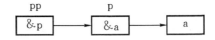

图 7 - 14　指针和变量的指向关系

前面学习的指向二维数组的指针就是一个指向指针的指针。例如：

```
char name[4][8];
char ** p;
p = name;
```

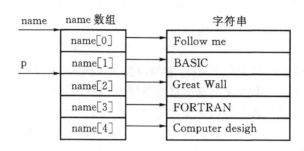

图 7-15   指向二维数组的指针

从图 7-15 可以看到,name 是一个指针数组,它的每一个元素是一个指针型数据,其值为地址。数组名 name 代表该指针数组的首地址。name+i 是 name [i]的地址。p 前面有两个"*"号,相当于 *(*p)。显然 *p 是指针变量的定义形式,如果没有最前面的"*",那就是定义了一个指向字符数据的指针变量。现在它前面又有一个"*"号,表示指针变量 p 是指向一个字符指针型变量的。*p 就是 p 所指向的另一个指针变量。

【例 7-16】   通过指向指针的指针输出二维字符数组中的字符串。

```
main()
{
    char * name[ ] = {"Fotran","BASIC","Pascal","FORTRAN","Computer design"};
    char ** p;
    int i;
    for(i = 0;i<5;i ++ )
    {
        p = name + i;
        printf("% s\n",* p);
    }
}
```

运行结果:

```
Fotran
BASIC
Pascal
FORTRAN
Computer design
```

程序中指针的指向如图 7-16 所示。

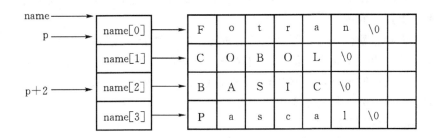

图 7-16 指向指针的指针和二维数组的关系

在定义和使用指向指针的指针变量时应注意：

① 在定义多级指针变量时要用到多个间接运算符"＊"，是几级指针变量，就要用几个"＊"。例如：

```
int    * p1,a;        //p1 是一级指针变量
int    ** p2;         //p2 是二级指针变量
int    *** p3;        //p3 是三级指针变量
```

② 同类型的同级指针变量才能相互赋值。例如：

```
p1 = &a;
p2 = &p1;
p3 = &p2;
```

③ 通过多级指针变量对最终对象赋值时，也必须采用相应个数的间接运算符"＊"。例如：

```
a = 10;
* p1 = 10;
** p2 = 10;
*** p3 = 10;
```

7.6 指针与内存动态的分配

在 C 语言中，数组和结构(下章介绍)的大小都必须是固定的，不支持如动态数组和动态结构之类的类型。

在很多的情况下，你并不能确定要使用多大的数组。例如，你需要对一个班级的每个学生的情况做一个统计，那么你需要建立一个数组来存储它们的信息。可是你可能并不知道该班级的学生的人数，那么你就要把数组定义得足够大。这样，你的程序在运行时就申请了固定大小的你认为足够大的内存空间。即使你知道该班级的学生数，但是如果因为某种特殊原因人数有增加或者减少，你又必须重新去修改程序，扩大数组的存储范围。这种分配固定大小的内存分配方法称之为静态内存分配。

静态内存分配的方法存在比较严重的缺陷，特别是处理某些问题时：在大多数情况下会浪费大量的内存空间；在少数情况下，当你定义的数组不够大时，可能引起下标越界错误，甚至导致严重后果。

C 语言是否可与在运行时决定数组的大小呢? 回答是肯定的。C 语言提供了动态分配内存的手段来解决这一问题。

所谓动态内存分配就是指在程序执行的过程中动态地分配或者回收存储空间的分配内存的方法。动态分配内存不像数组等静态内存分配方法那样需要预先分配存储空间,而是由系统根据程序的需要即时分配,且分配的大小就是程序要求的大小。从以上动、静态内存分配比较可以知道动态内存分配相对于静态内存分配的特点是:

(1)需要预先分配存储空间;

(2)分配的存储空间可以根据程序的需要进行扩大或缩小。

要实现根据程序的需要动态分配存储空间,常用到的内存管理函数有:malloc()、calloc()和 free()。标准动态存储管理函数原型在标准头文件<stdlib. h>中描述,所以要有文件包含语句"#include   <stdlib. h>"。

1. malloc 函数

malloc 函数的原型为:

```
void ∗ malloc (unsigned int size)
```

该函数的作用是在内存的动态存储区中分配一个长度为 size 的连续空间。其参数是一个无符号整型数,返回值是一个指向所分配的连续存储域的起始地址的指针。必须注意的是,当函数未能成功分配存储空间(如内存不足时)就会返回一个 NULL 指针。所以在调用该函数时应该检测返回值是否为 NULL 并执行相应的操作。

【例 7-17】   下面是一个动态分配的程序:

```
#include <stdlib. h>
#include <stdio. h>
main()
{
    int count, ∗ array;                //count 是一个计数器,array 是一个整型指针
    if((array = (int ∗ )malloc(10 ∗ sizeof(int))) == NULL)
    {
        printf("不能成功分配存储空间。");
        exit(1);
    }
    for (count = 0;count<10;count ++ )    //给数组赋值
        array[count] = count;
    for(count = 0;count<10;count ++ )     //打印数组元素
        printf(" %2d",array[count]);
}
```

输出结果:

0 1 2 3 4 5 6 7 8 9

上例中动态分配了 10 个整型存储区域,然后进行赋值并打印。例中 if((array(int ∗)malloc(10 ∗ sizeof(int))) == NULL)语句可以分为以下几步:

①分配 10 个整型的连续存储空间,并返回一个指向其起始地址的整型指针;

②把此整型指针地址赋给 array；

③检测返回值是否为 NULL。

【例 7-18】 使用 malloc( )函数，为字符串数据分配存储空间。

```
#include <stdio.h>
#include <stdlib.h>
char count, * ptr, * p;
int main()
{
    ptr = (char  * )malloc(30 * sizeof(char));
    if(ptr == NULL)
    {
        puts("Memory allocation error. ");
        return(1);
    }
    p = ptr;
    for(count = 65;count<91;count + + )
      * p + + = count;
     * p = '\0';
    puts(ptr);
    return(0);
}
```

输出结果：

ABCEFGHIJKLMNOPQRSTUVWXYZ

2. calloc 函数

与 malloc 函数不同，它不是按字节为单位进行分配，而是以目标对象为单位分配——对象可以是数组、结构等。

calloc( )函数的原型是：

```
#include <stdlib.h>
void  * calloc(size_t  num,size_t  size);
```

其中 num 表示所要分配的对象的个数，而 size 是每个对象占用内存单元的字节数。

3. free 函数

由于内存区域总是有限的，不能无限制地分配下去，而且一个程序要尽量节省资源，所以当所分配的内存区域不用时，就要释放它，以便其他的变量或者程序使用。这时我们就要用到 free 函数。

free 函数的原型如下：

```
#include <stdlib.h>
void  free(void  * ptr);
```

作用是释放指针 ptr 所指向的内存区。

该函数的参数 ptr 必须是先前调用 malloc 函数或 calloc 函数(另一个动态分配存储区域的函数时返回的指针),给 free 函数传递其他的值很可能造成死机或其他灾难性的后果。

注意:这里重要的是指针的值,而不是用来申请动态内存的指针本身。例如:

```
int * p1, * p2;
p1 = malloc(10 * sizeof(int));
p2 = p1;
……
free(p2) //或者 free(p2)
```

malloc 返回值赋给 p1,又把 p1 的值赋给 p2,所以此时 p1,p2 都可作为 free 函数的参数。

malloc 函数是对存储区域进行分配的。

free 函数是释放已经不用的内存区域的。

在 C 语言中,数组和结构的大小都必须是固定的,不支持如动态数组和动态结构之类的类型。解决这类问题的办法是利用 C 语言的内存动态分配函数。

使用动态存储分配函数应该注意以下几点:

①空间大小计算要使用 sizeof 函数进行计算;

②调用 malloc 函数后,一定要检查返回值;

③结果强制转换后才能赋值使用;

④得到的空间使用时不允许越界;

⑤分配成功后关于存储块的管理,系统完全不进行检查;

⑥动态存储块的存在期,在其分配成功时开始,只有在用 free 语句释放才能导致其存储期的结束。

7.7　小　结

(1)指针编程是 C 语言最主要的风格之一。利用指针变量可以表示各种数据结构,能很方便地使用数组和字符串,并能像汇编语言一样处理内存地址,从而编出精练而高效的程序。指针极大地丰富了 C 语言的功能。

(2)能够赋给指针的唯一整数值为 0,这样说明该指针没有指向任何的内存空间,是一个空指针。

(3)指针运算符"*"返回操作数所指向的对象的值。

(4)可以通过加法运算将一个整数加给一个指针,或者给指针加上一个整数。这种加法的规则和一般加法的规则有所不同,它是将整数和指针所指的类型的字节数相乘,再加到指针所指向内存单元的地址上。

(5)C 语言的指针和数组间有密切关系,在这里可以以指针作为媒介,方便地完成对数组成员的各种操作。

(6)若干个指针变量统一起一个名字,相互间用下标(一个或两个)来区分,就构成了一个所谓的"指针型数组",简称"指针数组"。

(7)两个指针变量进行有效减法运算的前提条件是两个指针变量指向同一个数组,这样才有意义,指向不同数组的指针变量也可以做减法运算,但是这样做是没有意义的,而且可能会导致运行时的错误。

(8)串指针变量本身是一个变量,用于存放字符串的首地址。而字符串本身是存放在以该首地址为首的一块连续的内存空间中并以"\0"作为串的结束。字符数组是由若干个数组元素组成的,它可用来存放整个字符串。

(9)动态内存分配就是指在程序执行的过程中动态地分配或者回收存储空间的分配内存的方法。

(10)常见的与指针相关的变量定义

int a;　　　　　　　a 是个 int 型变量

int * p;　　　　　　p 是个 int 型指针变量,它指向的数据单元是 int 型数据

int a[10];　　　　　定义了一个 10 个单元的数组,a 的值是数组的第一个单元的地址

int * p[10];　　　　定义了一个 10 个单元的数组,p 的各个单元都是 int 型指针,p 是第一个单元的地址。因此,p 可以说是指向指针的指针

int (* p)[10];　　　p 是一个指向二维数组的指针,该二维数组具有 10 列。 * p 的值是二维数组中某一行第一个单元的地址。因此,p 可以说是指针的指针

int f()　　　　　　　f 是一个函数名,这个函数返回 int 型值

int * p();　　　　　p 是一个函数名,这个函数返回 int 型指针

int (* p)();　　　　p 是一个函数指针,它指向的函数返回 int 型值

int * * p;　　　　　p 是一个指针的指针,它所指向的单元是一个指针,这个指针所指向的单元是个 int 型数据。P 可以看成是 int 型指针的数组

7.8　技术提示

(1)指针既可以指向单一的数据,可以指向一组数据(数组),也可以指向函数。

(2)指针可以进行加上一个偏移量的运算,减去一个偏移量的运算,也可以进行递增递减运算,并且指针可以做减法运算。其他的数学运算不能用于指针。

(3)指针变量作为函数参数是一种地址传递的方式。它的特点是:共享内存,双向传递。

(4)在初始化的过程中,不能将地址以外的值赋给指针,否则系统会将它当成地址来处理,这样对内存会进行误操作,会引起很严重的后果。

(5)程序必须释放它们动态分配的所有内存。

(6)每次分配内存时,都要检查以确保分配成功。

7.9　编程经验

(1)在操作指针时尽量用下标法而不用指针表示方法,尽管在编译程序会多花一点时间,但是程序会更清晰。

(2)在使用函数之前检查一下函数原型,确定该函数是否能够修改传给它的值。

(3)在指针变量名中最好包含字符 p,因为它可以清楚地看出这是一个指针变量。

(4)传递调用只能修改调用函数中的一个值。要在调用函数中修改多个值必须使用地址传递(指针传递)。

(5)通常内存的分配和释放顺序相反。

(6)为了实现代码的可移植性,用 sizeof()运算符来帮助你和程序确定要内存分配的字节数。

(7)不能对指向单一数据的指针进行算术运算。

(8)比较两个不指向同一个数组的指针进行减法运算是没有任何意义的。

(9)不能把两个不同类型的非空指针进行赋值运算。

习　题

1. 分析"＊"在定义指针和引用指针变量时有什么区别?

2. 请举例说明指针变量可以进行哪些运算?

3. 指向数组的指针和指向数组元素的指针有什么区别? 数组名和指针变量名有什么区别?

4. 阅读程序。

(1)
```
void swap(int * a,int * b)
{
    int * t;
    t = a;
    a = b;
    b = t;
}
main()
{
    int x = 3,y = 5, * p = &x, * q = &y;
    swap(p,q);
    printf("% d % d\n", * p, * q);
}
```
程序运行后输出的结果是(　　　)。

(2)
```
void fun(char * c,int d)
{
    * c = * c + 1;
    d = d + 1;
    printf("% c, % c,", * c,d);
}
main()
{
    char a = ´A´,b = ´a´;
    fun(&b,a);
    printf("% c, % c\n",a,b);
}
```
程序运行后输出的结果是(　　　)。

(3) ＃include ″stdio.h″

　　＃include ″string.h″

　　char ＊scmp(char ＊s1, char ＊s2)

　　｛

　　　　if(strcmp(s1,s2)＜0)

　　　　　return(s1);

　　　　else return(s2);

　　｝

　　main()

　　｛

　　　　int i; char string[20], str[3][20];

　　　　for(i＝0;i＜3;i＋＋)

　　　　　gets(str[i]);

　　　　strcpy(string,scmp(str[0],str[1]));　　//库函数 strcpy 对字符串进行复制

　　　　strcpy(string,scmp(string,str[2]));

　　　　printf(″％s\n″,string);

　　｝

若运行时依次输入:abcd、abba 和 abc 三个字符串,则输出结果是(　　)。

(4)以下程序运行后输入:3,abcde＜回车＞,则输出结果是(　　)。

　　＃include ″stdio.h″

　　＃include ″string″

　　move(char ＊str, int n)

　　｛

　　　　char temp; int i;

　　　　temp＝str[n－1];

　　　　for(i＝n－1;i＞0;i－－)

　　　　　str[i]＝str[i－1];

　　　　str[0]＝temp;

　　｝

　　main()

　　｛

　　　　char s[50]; int n, i, z;

　　　　scanf(″％d,％s″,&n,s);

　　　　z＝strlen(s);

　　　　for(i＝1; i＜＝n; i＋＋)

　　　　move(s, z);

　　　　printf(″％s\n″,s);

　　｝

(5) void f(int ＊x,int ＊y)

```
    {
        int t;
        t = * x;
        * x = * y;
        * y = t;
    }
    main()
    {
        int a[8] = {1,2,3,4,5,6,7,8},i, * p, * q;
        p = a;
        q = &a[7];
        while(p<q)
        {
            f(p,q);
            p ++;
            q --;
        }
        for(i = 0;i<8;i ++)
            printf("% d,",a[i]);
    }
```

程序运行后输出的结果是(   )。

5. 编程输入一个字符串,统计输出该字符串中字母和数字的个数。

6. 输入数组,最大的与第一个元素交换,最小的与最后一个元素交换,输出数组。

7. 有 n 个人围成一圈,顺序排号。从第一个人开始报数(从 1 到 3 报数),凡报到 3 的人退出圈子。问最后留下的是原来第几号。

8. 编写函数 StringReverse()。StringReverse()函数有两个参数,一个是源字符串,另一个是目的字符串。从源字符串中以逆序把字符复制到目的字符串。

9. 选择题

(1) 以下程序段完全正确的是(   )

(A) int * p;   scanf("%d",&p);

(B) int * p;   scanf("%d",p);

(C) int k, * p=&k;   scanf("%d",p);

(D) int k, * p;   * p= &k;   scanf("%d",p);

(2)有以下程序

```
    {int a,b,k,m, * p1, * p2;
    k = 1,m = 8;
    p1 = &k,p2 = &m;
    a = / * p1 - m;   b = * p1 + * p2 + 6;
    printf("% d  ",a);   printf("% d\n",b);}
```

编译时编译器提示错误信息,你认为出错的语句是(　　)。

(A)a=/＊p1−m　　　　　　　(B)b＝＊p1＋＊p2＋6

(C)k=1,m=8;　　　　　　　　(D)p1＝&k,p2＝&m;

(3)若有定义语句:double a,＊p＝&a;以下叙述中错误的是(　　)。

(A)定义语句中的＊号是一个地址运算符

(B)定义语句中的＊号只是一个说明符

(C)定义语句中的 p 只能存放 double 类型变量的地址

(D)定义语句中,＊p＝&a 把变量 a 的地址作为初值赋给指针变量 p

(4)有以下程序

```
{ int m = 1,n = 2, ＊p = &m, ＊q = &n, ＊r;
  r = p;p = q;q = r;
  printf("%d,%d,%d,%d\n",m,n,＊p,＊q);
}
```

程序运行后的输出结果是(　　)。

(A)1,2,1,2　　　　(B)1,2,2,1　　　　(C)2,1,2,1　　　　(D)2,1,1,2

(5)有以下程序

```
void fun(int ＊p)
    {printf("%d\n",p[5]);}
main()
    {int a[10] = {1,2,3,4,5,6,7,8,9,10};
    fun(&a[3]);}
```

程序运行后的输出结果是(　　)。

(A)5　　　　　　　(B)6　　　　　　　(C)8　　　　　　　(D)9

(6)有以下程序:

```
# include <stdio.h>
main()
    { int n, ＊p = NULL;
    ＊p = &n;
    printf("Input n:"); scanf("%d, &p); printf("output n:"); printf("%d\n, p);
    }
```

该程序试图通过指针 p 为变量 n 读入数据并输出,但程序有多处错误,以下语句正确的是(　　)。

(A)int n, ＊p＝NULL;　　　　　　(B)＊p＝&n;

(C)scanf("%d", &p);　　　　　　(D)printf("%d\n", p);

(7)有以下程序

```
# include <stdio.h>
void fun(int ＊s,int nl,int n2)
    { int i,j,t;
      i = nl; j = n2;
```

```
        while(i<j) {t = s[i];s[i] = s[j];s[j] = t;i ++ ;j -- ;}
    }
main()
    { int a[10] = {1,2,3,4,5,6,7,8,9,0},k;
      fun(a,0,3); fun(a,4,9); fun(a,0,9);
      for(k = 0;k<10;k ++)printf("%d",a[k]); printf("\n");
    }
```

程序运行的结果是(   )。

(A)0987654321   (B)4321098765

(C)5678901234   (D)0987651234

(8)设有定义:

double x[10], * p=x;以下能给数组 x 下标为 6 的元素读入数据的正确语句是(   )。

(A)scanf("%f",& x[6]);   (B)scanf("%lf", * (x+6));

(C)scanf("%lf",p+6);   (D)scanf("%lf",p[6]);

(9)有以下程序:

```
    # include <stdio.h>
    int f(int t[],int n);
    main()
        { int a[4] = {1,2,3,4},s;
          s = f(a,4); printf("%d\n",s);
        }
    int f(int t[],int n)
        { if(n>0) return t[n - 1] + f(t,n - 1);
          else return 0;
        }
```

程序运行后的输出结果是(   )。

(A) 4   (B) 10   (C) 14   (D) 6

(10)有以下程序:

```
    # include <stdio.h>
    void swap(char * x, char * y)
        { char t;
          t = * x;   * x = * y;   * y = t;
        }
    main()
        { char * s1 = "abc", * s2 = "123";
          swap(s1, s2); printf("%s, %s\n", s1, s2);
        }
```

程序执行后的输出结果是(   )。

(A)321,cba   (B)abc,123   (C)123,abc   (D)1bc,a23

第8章 结构体与共用体

在前面的章节中,学习了基本的数据类型及其定义和使用方式,这使得编程变的简单易读,随后又学习了数组,它对数据的描述更加方便。但是仅仅使用我们学过的这几种数据类型来处理数据是不够的。基本的数据类型只能处理单个的数据,而数组在处理多数据时,必须要求数据是同种类型的,但在实际的使用中,有很多数据的类型不同,却需要集中起来定义和使用。例如,要建立一个学生的档案管理系统,每个学生都有姓名、年龄、身高、体重等等一系列的信息,这些信息的数据类型是不相同的,所以用我们以前学过的数据类型没有办法描述。本章将学习 C 语言中的复杂的数据类型——结构体、共用体和枚举具有更强表现能力的数据类型。

8.1 结构体

8.1.1 结构体的定义

现实生活中很多数据是以记录的形式来表现的,如表 8-1 中的职工工资表。

表 8-1 职工工资表

职工编号	姓名	基本工资	津贴	奖金	实发工资
001	李良	1500	400	200	2100
002	吴文英	1500	200	100	1800
003	姚奇	2000	800	300	3100
…	…	…	…	…	…

表 8-1 中,每一行表示员工的相关工资信息,又称为一条记录,在进行信息处理时,是以一条记录为单位进行的,而每一条记录中的信息数据既有整型数据,也有字符数据,若按原来学习的方法,是无法将同一个人的数据放在一个对象中进行的。C 语言提供将几种不同类型的数据组合到一起的方法,即结构体方法。

结构体是一种复合的数据类型,它允许使用其他数据类型构成一个结构类型,而一个结构类型变量内的所有数据可以作为一个整体进行处理。同数组类似,一个结构体也是若干相关数据项的集合,但与数组不同的是,数组中的所有元素都只能是同一类型,而结构体中的数据项可以是不同的类型。

定义结构类型的一般格式是:

    struct <结构类型名>

```
    {
        类型   成员变量名 1;
        类型   成员变量名 2;
        ...
    };
```

<成员列表>由如下形式组成:
　　<数据类型> <成员名>;

例如:

```
struct student        //定义学生结构体类型
{
    long int num;
    char name[20];
    float score;
};
```

定义结构体类型时应注意以下几点:

①结构体的成员可以是任何基本数据类型的变量,如 int、char、float 和 double 型等,这些成员的类型可以相同,也可不同。结构中所含成员的数量和大小必须是确定的,即结构不能随机改变大小。

②结构体成员也可以是数组、指针类型的变量。例如:

```
struct   clist    //定义 clist 结构体类型
    {
        int   count[10];
        char  * first;
        char  * last;
    };
```

③结构类型可以嵌套定义,即允许一个结构中的一个或多个成员是其他结构类型的变量。例如:

```
struct   card                    //定义卡片结构体类型
    {
        char   name[30];         //姓名
        char   sex;              //性别
        char   nationality[20];  //国籍
        struct   date            //嵌套定义日期类型结构体,用于存储学生
                                 //的出生日期
        {
            int year,month,day;
        } birthday;
        char * p_addr;           //通信地址
        struct   date   signed_date;   //注册日期
```

```
        long int   number;              //学号
        char   * office;                //办公室
    };
```

也可以采用另一种形式把各个结构类型单独定义。

```
    struct   date                  //定义日期类型结构体,用于存储学生的出生日期
        {
            int   year,month,day;
        };
    struct   id_card
        {
            char   name[30];
            char   sex;
            char   nationality[20];
            struct   date   birthday;
            char   * p_addr;
            struct   date   signed_date;
            long int   number;
            char   * office;
        };
```

④结构类型定义不允许递归,即:一个结构类型的成员中不能含有类型为本结构的变量。例如下面的说明是非法的:

```
struct   wrong
{
    char   name[5];
    int   count;
    struct   wrong   a;
    struct   wrong   b;
};
```

⑤在 C 语言中不支持动态结构类型。

⑥在同一结构内各成员的名称不能相同。

例如下面是非法的:

```
struct A
{
    int n;
    char n;
};
```

⑦可以在结构中出现当前结构名,以声明一个指向该结构变量的指针。

例如:

```
struct A
```

```
{
    int n;
    A * p;
};
```

由此可以形成复杂的链表结构。

但结构的声明中不能用当前结构名声明成员变量,即结构中不能包含自身的实例,这称为递归声明。建立结构的声明时不允许直接递归或间接递归。

例如:

```
struct A
{
    int n;
    A a;
};
```

是不可以的。

8.1.2 结构体变量的定义和初始化

1. 结构体变量的定义

定义了一个结构体类型,只表明这种数据类型的存在,它不是变量,并不占用内存空间(例如 int 并不是变量,并不占用内存空间是相同的道理)。只有说明了一个变量具有这种数据类型,系统才为其分配存储空间,程序中才能使用这个变量。

定义结构体变量有以下 3 种方法。以上面定义的 student 为例来加以说明。

(1)先定义结构,再说明结构变量。

格式:

```
    struct 结构体名
    {
        成员列表;
    };
    struct 结构体名 变量名列表;
```

例如:

```
struct student
{
    int ID;
    char name[20];
    char sex;
    float score;
};
struct student s1,s2;
```

说明了两个变量 s1 和 s2 为 student 结构类型。也可以用宏定义用一个符号常量来表示一个结构类型。

例如：

#define STU struct student

STU

{

  int ID;

  char name[20];

  char sex;

  float score;

};

STU s1,s2;

(2)在定义结构类型的同时说明结构变量。

格式：

  struct 结构名

  {

   成员列表；

  }变量名列表；

例如：

struct student

{

  int ID;

  char name[20];

  char sex;

  float score;

}s1,s2;

(3)直接说明结构变量。

格式为：

  struct

  {

   成员列表；

  }变量名列表；

例如：

struct

{

  int ID;

  char name[20];

  char sex;

  float score;

}s1,s2;

第三种方法与第二种方法的区别在于第三种方法中省去了结构体名,而直接给出结构变量。3 种方法中说明的 s1、s2 变量都具有图 8-1 所示的结构。

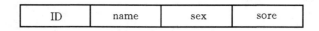

ID	name	sex	sore

图 8-1 变量结构

说明了 s1、s2 变量为 STU 类型后,即可向这两个变量中的各个成员赋值。在上述 STU 结构定义中,所有的成员都是基本数据类型或数组类型。

注意:

①结构体类型与结构体变量概念不同,结构体类型不能赋值、存取、运算,但结构体变量可以,并且结构体类型不分配空间,但变量需要分配空间。

②对结构体变量中的成员,可以单独使用,它的作用与地位相当于普通变量。

③结构体中的成员也可以是一个结构体类型,即构成了嵌套的结构。例如:

```
struct date
{
    int month;
    int day;
    int year;
};
struct
{
    int ID;
    char name[20];
    char sex;
    struct date birthday;
    float score;
}s1,s2;
```

首先定义一个结构 date,由 month(月)、day(日)、year(年)3 个成员组成。在定义并说明变量 s1 和 s2 时,其中的成员 birthday 被说明为 data 结构类型。成员名可与程序中其他变量同名,互不干扰。结构体的定义如图 8-2 所示。

ID	name	sex	birthday			score
			month	day	year	

图 8-2 学生结构体定义

2.结构体变量的初始化

对结构体变量初始化的一般形式是:

    结构类型   结构变量名 = { 初始化值表 };

初始化描述中的初始值将顺序提供给结构变量的各基本成员,初始化表达式只能是可静态求值的表达式。给出的初始化数据与结构成员类型一致,个数不得多于成员数量,如果提供的数据项不够,与数组的规定一样,其余成员自动用 0 初始化。

如果定义时没有提供初始值,系统对结构变量的处理方式与其他变量一样。外部和全局变量,用 0 初始化,自动变量不进行初始化,各成员的状态不确定。

(1)定义结构体类型后,定义变量同时进行初始化。

例如:

```
struct student
{
    int ID;
    char name[20];
    char sex;
    float score;
};
struct  student  s1 = { 9911,″ Zhanghua ″,′F′,92};
```

注意初始化的顺序,例如下面初始化是错误的:

```
struct  student  s1 = { 9911, ′F′,92};
```

(2)定义结构体同时定义变量并进行初始化。

例如:

```
struct date
{
  int year, month, day;
};
struct student
{
    char num[8], name[20], sex;
    struct date  birthday;
    float score;
}a = {″9606011″,″Li ming″,′M′,{1977,12,9},83},
b = {″9608025″,″Zhang liming″,′F′,{1978,5,10},87},c;
```

3. 结构体变量的引用

对结构变量的引用,往往不把它作为一个整体来使用,其含义是指对它各个成员的引用,包括赋值、输入、输出、运算等都是通过结构变量的成员来实现的。引用结构变量成员的一般方式是:

　　　　＜结构变量名＞.＜成员名＞

其中“.”是结构体成员运算符,结构体通过成员运算符“.”引用结构体成员。

例如:

```
int a = 101;
s1. ID = a;
```

```
s1. sex = ´F´;
s1. birthday. day = 20;
```

注意:

①C 语言是按照结构类型定义中成员的顺序来分配存储空间的。

②结构变量中的成员,可以像通常的同类型变量那样进行各种运算和操作。

③对结构变量成员的引用,不同于通常变量的引用方式,不能直接使用成员名。而是采取"由整体到局部"的层次式,即先指明是哪个结构变量,然后通过成员运算符".",指定所要成员。

例如:scanf("% s",s1. name);　　　　　　　　　　　//输入姓名
　　　scanf("% d",&s1. ID);　　　　　　　　　　//输入学号
　　　printf("姓名 % 6s,基本工资 6d %",s1. name,s1. ID);　　//输出姓名和学号

④若两个变量是同一结构体类型,可以将一个结构体变量整体赋值给另一个结构体变量,例如:

```
struct A
{
    int n;
    float m;
}a1,a2;
a1 = a2;
```

【例 8 - 1】　定义一个学生结构。

```
main()
{
    struct student          //定义结构
    {
      int num;
      char * name;
      char sex;
      float score;
    } s1 = {102,"Zhang ping",´M´,78.5};
    printf("Sex = % c\nScore = % f\n",s1. sex,s1. score);
}
```

运行结果:

```
Sex = M
Score = 78.500000
```

8.1.3　typedef 的使用方法

在引用结构体时,定义若过于麻烦,在程序中容易出现定义错误,例如:

```
main()
{
    struct student s;        //正确定义
```

```
    student a;              //错误定义
}
```

可否像定义简单变量那样定义呢？C 语言中提供了自定义数据类型，允许用关键字 ty-pedef 来定义用户自定义的新数据类型。

typedef 语句（类型说明语句）的功能是利用某个已有的数据类型定义一个新的数据类型。其格式为：

```
    typedef 数据类型或数据类型名 新数据类型名
```

例如：

```
    typedef  int   INTEGER;
    typedef  float    REAL;
    typedef  struct  student  STU;   //定义 STU 结构体 struct student 的别名
```

有了以上定义后，就可以按下面的方法进行变量的定义了。

```
INTEGER a,b,c;
REAL f1,f2;
STU s;              //定义 s 为 struct student 变量
```

也可以在定义结构体时就进行自定义数据类型，例如：

```
typedef  struct
{
  char department[11];      // 工作部门
  char name[9];             // 姓名
  int position;             // 职务
    ……
} SALARY;
```

这里通过 typedef 将结构体定义为一个新的数据类型 SALARY，以后就可以像一般定义一样使用这个数据类型，如：

```
SALARY   S1,S2;
```

说明：

①typedef 没有创造新数据类型，只能对已有存在的类型增加一个新的类型名。

②typedef 是定义类型，不能定义变量。

③typedef 并不是作简单的字符串替换，与 ♯define 的作用不同。

④用 typedef 定义的类型名往往用大写字母表示，以便与系统提供的标准类型名相区别。

⑤利用 typedef 定义类型名有利于程序的移植，并增加程序的可读性。

8.1.4　结构体数组

(1)结构体数组既具有结构体的特点，也具有数组的特点。

数组的元素也可以是结构类型的，因此可以构成结构型数组。结构数组的每一个元素都是具有相同结构类型的下标结构变量。方法和结构变量相似，只需说明它为结构体数组类型即可。因此，结构数组既具有结构的特点，也具有数组的特点。

①要先定义结构体类型，再说明结构数组；或在定义结构类型的同时说明结构数组。

例如：

```
struct A                          struct A
{                                 {
    int n;                            int n;
    float m;                          float m;
};                                }a[2];
struct A a[2];
```

②结构数组元素由下标区分，它们都是结构变量。

③结构数组元素通过成员运算符引用其每一个结构成员。

(2)结构数组在内存的存放与一般数组的处理相同。

在说明了一个结构数组后，系统就会在内存中为其开辟一个连续的存储区存放它的元素，结构数组名就是这个存储区的起始地址。结构数组在内存的存放，仍然按照元素的顺序排列，每一个元素占用的存储字节数，就是这种结构类型所需要的字节数。这些与对一般数组的处理是完全相同的。

①可以把一个数组元素赋予另一个数组元素，从而实现结构变量之间的整体赋值。

```
a[0] = a[1];
```

②可以单独地把一个结构数组元素中的一个成员的值赋予另一数组元素中的一个同类型的成员。

```
a[0].n = a[1].n;
```

③结构数组可以初始化。常用的初始化格式有两种：

a. struct　结构名
```
{
    成员表；
}数组名[大小]={初值表};
```

b. struct　结构名
```
{
    成员表；
};
```
struct 结构名　数组名[大小]={初值表};

定义结构数组时其元素个数可以不指定，在编译时系统会根据给出的结构元素初值的个数来确定数组元素的个数。形如：struct　student　class[ ]={{…},{…},…,{…}};

例如：

```
struct
{
    int ID;
    char name[20];
    char sex;
    float score;
}s[4];
```

定义了一个结构体数组,共 4 个元素,每个元素都是一个结构体变量。可以在定义结构体数组时对其进行初始化,如下例所示:

```
struct
{
    int ID;
    char name[20];
    char sex;
    float score;
}s[4] = { {100,"zhang hua","F",70.5},
         {101,"li hua","M",80},
         {102,"zhang bin","M",90},
         {103,"wang hua","F",85.5}
       };
```

【例 8-2】 输入某班 26 位学生的姓名及数学、英语成绩,计算并输出每位学生的平均分。

```
struct student
{
  char name[10];
  int math, english;
  float aver;
};
void main( )
{
  struct student s[26];
  int i;
  for(i = 0; i<26; i++)
  {
    scanf("%s%d%d", s[i].name, &s[i].math, &s[i].english);
    s[i].aver = (s[i].math + s[i].english)/2.0;
    printf("%s%f", s[i].name, s[i].aver);
  }
}
```

【例 8-3】 统计候选人选票。

```
struct person
{
    char name[20];
    int count;
}leader[3] = {"Li",0,"Zhang",0,"Wang",0};
main()
```

```
{
    int i,j;
    char leader_name[20];
    for(i = 1;i<= 10;i ++)
    {
        scanf("% s",leader_name);
        for(j = 0;j<3;j ++)
        if(strcmp(leader_name,leader[j].name) == 0)
        leader[j].count ++ ;
    }
    printf("\n");
    for(i = 0;i<3;i ++)
    printf("% 5s:% d\n",leader[i].name,leader[i].count);
}
```

输入：

Li

Zhang

Wang

Zhang

Zhang

Zhang

Zhang

Li

Wang

Li

输出：

Li   3

Zhang   5

Wang   2

8.1.5 指向结构体的指针

说明一个结构类型的变量后,它就在内存获得了存储区。该存储区的起始地址,就是这个变量的地址(指针)。如果说明一个这种结构类型的指针变量,把结构类型变量的地址赋给它,这个指针就指向这个变量了。

结构体指针变量定义的一般形式：

　　struct　结构体名　* 指针变量名；

例如:struct student * p;

在 C 语言里,还有一种借助于指针变量来访问结构变量成员的方法,即用指向成员运算符"->"。一般格式是：

指针变量名 －＞结构成员名

这样一来,访问结构变量成员就有了 3 种等价的形式。

(1)直接利用结构变量名,一般格式是:

　　结构变量名.成员名

(2)利用指向结构变量的指针和指针运算符"＊",一般格式是:

　　(＊指针变量名).成员名

(3)利用指向结构变量的指针和指向成员运算符"－＞",一般格式是:

　　指针变量名－＞成员名

【例 8－4】　通过指向结构的指针输出结构中的成员。

```
#include <stdio.h>
#include <string.h>
struct A
{ int a; char b[10]; double c;};
void f(struct A ＊t);
main()
{   struct A a = {1001,"ZhangDa",1098.0};
    f(&a);printf("%d,%s,%6.1f\n",a.a,a.b,a.c);
}
void f(struct A ＊t)
{ strcpy(t－＞b,"ChangRong");}
```

输出:

```
1001,ChangRong,1098.0
```

8.2　共用体

　　结构体类型解决了如何描述一个逻辑上相关,但数据类型不同的一组分量的集合。但是在需要节省内存储空间的同时,C 语言还提供了一种由若干个不同类型的数据项组成,但共享同一存储空间的构造类型。

　　共用体数据类型也是 C 语言向用户提供的一种把不同数据类型聚集在一起,构成一种新数据类型的手段。它们两者间最大的区别是:结构类型变量的每一个成员都占有各自的存储区,而共用类型变量的所有成员却共用一个存储区,常称它是一种可变身份的数据类型,可在不同的时候在同一存储单元中存储不同类型的变量。

8.2.1　共用体的定义

　　在程序中定义一个共用式数据类型,要用到 C 语言里的保留字"union"。定义共用类型的一般格式是:

```
union <共用类型名>
{
   <成员列表>;
```

```
};
例如:
  union data
  {
        int a;
        char ch;
        float f;
        double d;
  };
```

上面定义了一个名为 data 的共用体类型,其中有 4 个不同数据类型的成员。一个 data 类型的共用体在内存中的存储形式如图 8-3 所示,图中的每一个方块表示一个字节。

当定义共用体变量时,系统按共用体内最大成员所需空间为共用体变量分配内存,如图 8-3 所示,按 double 类型为共用体变量分配 8 个字节。

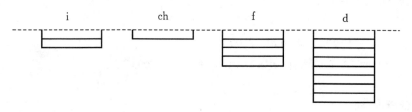

图 8-3 共用体在内存中的存储形式

8.2.2 共用体变量的定义和初始化

定义了一个共用体类型后,只表明这种数据类型的存在,它不是变量,并不占用内存空间。只有说明了一个变量具有这种数据类型,系统才会为这个变量分配存储空间,程序中才能使用这个变量。

(1)先定义共用体类型,再定义共用体变量。共用体类型的定义形式是:

```
union   共用体名
{
    成员表;
};
```

如:

```
union data
{
    int i;
    char ch;
    float f;
};
uniondata   x,y;
```

(2)在定义类型的同时定义共用体变量。其一般形式是:

```
union   共用体名
```

```
{
    成员表;
}共用体变量名表;
```

如:

```
union data
{
    int i;
    char ch;
    float f;
}x,y;
```

(3)利用无名共用体类型直接定义共用体变量,例如:

```
union
{
    int i;
    char ch;
    float f;
}x,y;
```

下面 3 种访问共用型变量成员的方法是等价的。

①共用变量名. 成员名

②(＊ p). 成员名

③p － ＞成员名

注意:

①由于共用体变量的若干个成员共同使用同一个存储区域,而这些成员的类型可以完全不同,因此共用体变量在某一时刻起作用的成员,是指最后一次被赋值的成员。

②共用体变量定义与结构体变量定义的形式很相似,但它们的含义是不同的。共用体变量其实是一个"大的"单独变量,它的各个成员都占用同一个内存空间,因此共用体变量的大小是其成员中最长的那个成员的大小,而内存边界的限制是要满足对边界限制最苛刻的那个成员的要求。就是说,共用体变量可以在不同时间内维持定义它的不同类型和不同长度的对象,但共用体中所有变量的存储单元是相互覆盖的,它们的起始地址都是相同的。

共用体变量的成员可以是上述的简单类型变量,也可以是数组、结构等复杂类型的变量。例如:

```
union   header
{
    struct
    {
        union   header   ＊ hp;
        unsigned   size;
    }s;
    int   x;
}base;
```

【例8-5】 共用体举例。

```
union u
{
  char u1;
  int u2;
};
main( )
{
  union u a = {0x9843};
  printf("1. %c %x\n",a.u1,a.u2);
  a.u1 = 'b';
  printf("2. %c %x\n",a.u1,a.u2);
}
```

输出：

1.C 43

2.b 62

共用体类型变量在定义时只能对第一个成员进行赋初值。由于第一个成员是字符型,用一个字节,所以对于初值0x9843仅能接受0x43,初值的高字节被截去。

【例8-6】 将一个整数按字节输出。

```
main()
{
    union int_char
    {
        int i;
        char ch[2];
    }x;
    x.i = 24897;
    printf("i = %o\n",x.i);
    printf("ch0 = %o,ch1 = %o\nch0 = %c,ch1 = %c\n",x.ch[0],x.ch[1],x.ch[0],
    x.ch[1]);
}
```

运行结果：

i = 60501

ch0 = 101,ch1 = 141

ch0 = A,ch1 = a

8.3 枚举类型

当我们在程序设计中需要定义一些具有赋值范围的变量(如星期,月份等)时,可以用枚举类型来定义。枚举是这样的一种数据类型:它的值有固定的范围(如一年只有 12 月),这些值可以用有限个常量来描述。枚举将变量所能赋的值一一列举出来,给出一个具体的范围。枚举类型用关键词 enum 说明,其定义的一般格式是:

enum ＜枚举类型名＞

｛

　　　标识符 1 [＝ 整型常数 1],

　　　标识符 2 [＝ 整型常数 2],

　　　……

｝;

　　要特别注意,枚举中每个成员(标识符)结束符是",",而不是";",最后一个成员可以省略",";。在定义后,枚举中的标识符在程序中代表其后的常数,枚举定义中的整型常数可以省略,如省略后依次代表 0,1,2……依次递增。

　　例如:表示颜色的枚举类型定义如下:

enum　color

｛

　　　red,green,blue,yellow,white

｝;

定义了颜色枚举类型 color,枚举元素有 red,green,blue,yellow,white。

在定义时,可以更改＜枚举元素表＞中所列标识符对应的整型数值。

定义枚举变量的形式如下:

enum　类型名　变量名 1,变量名 2,…;

enum　color　select,change, ∗ cp;

对枚举变量的定义还可采用缺省类型名的形式。

enum ｛pen,pencil,book,notebook｝ learning;

也可定义一个枚举类型的数组,例如:

enum month ｛

　　January,February,March,April,May,June,July,

　　Augest,September,October,November,December ｝;

enum month months[12];

枚举变量的使用应注意以下几点:

①枚举变量的取值范围限定在对应的枚举符表中的元素。

例如:enum　color ｛ red,green,blue,yellow,white｝;

　　　enum　color　select,change, ∗ cp;

select 和 change 只能被赋值为 color 中的 5 种颜色名的某一种:

　　　select ＝ red;

　　　change ＝ yellow;

C 编译对枚举元素实际上是作为整常量来处理的,所以枚举元素又称为枚举常量。当遇到枚举符表时,编译程序就把其中第一个元素赋值为 0,以后依次把 1,2,3……赋值给第二个元素、第三个元素、第四个元素……

select＝red 中,select 被赋值 0,并非将字符串"red"赋给 select。

应注意,枚举元素不是变量,不能对它们赋值,也不能用"&"运算符取其地址。

②可以把某个枚举元素规定为指定的整常数。

```
enum   color
{
    red,green,blue = 5,yellow,white
};
```

编译程序对 blue 之前的枚举元素照常从 0 开始、递增赋予整常数,并对 blue 赋予指定值 5,而 blue 之后的各枚举元素则在此基础上递增赋值。

③当变量取值范围限制在规定的整常数范围内的情况下,就可采用枚举类型。枚举变量的作用域与一般变量的作用域相同。

【例 8 - 7】 编制一个程序。当输入今天的星期序号后,输出明天是星期几。

```
enum weekday
{
    Mon = 1,Tue,Wed,Thu,Fri,Sat,Sun
};
char * name[8] = {"error","Mon","Tue","Wed","Thu","Fri","Sat","Sun"};
main( )
{
    enum weekday d;
    printf("Input today's numeral(1 - 7):");
    scanf("% d",&d);
    if (d>0&&d<7)
        d ++ ;                    // 今天是星期一到星期六的时候
    else if (d == 7)
        d = 1;                    // 今天是星期日
    else
        d = 0;
    if (d)
        printf("Tomorrow is % s.\n",name[d]);
    else
        printf("% s\n",name[d]);
}
```

输出结果:

```
input today's numeral(1 - 7):1
Tomorrow is Tue.
```

8.4 小 结

(1)结构体、共用体和枚举类型都是用自定义的数据类型,大大加强了 C 语言的数据描述能力。结构体、共用体和枚举类型需要先定义数据类型再定义变量,也可以在定义数据类型时定义变量。在定义这三种数据类型的变量时,不能缺少相应的关键字。

(2)结构体是同一个名字引用的相关变量的集合。结构中所含成员的数量和大小必须是确定的,即结构不能随机改变大小。组成一个结构的诸成员的类型可以不同,即结构是异质的。

(3)共用体类型是一种"可变身份"的数据类型,可在不同的时候在同一存储单元里存放不同类型的数据。

(4)结构类型定义不允许递归,即:一个结构类型的成员中不能含有类型为本结构的变量。

(5)访问结构变量成员就有了 3 种等价的形式。

①直接利用结构变量名,一般格式是:

结构变量名.成员名

②利用指向结构变量的指针和指针运算符"＊",一般格式是:

(＊指针变量名).成员名

③利用指向结构变量的指针和指向成员运算符"－＞",一般格式是:

指针变量名－＞成员名

④枚举式数据类型同样是一种定义新数据类型的手段,其特点是用若干名字代表一个整型常量的集合,具有这种类型的变量,只能以集合中所列名字为其取值。

8.5 技术提示

(1)结构体和共用体最大的区别是:结构类型变量的每一个成员都占有各自的存储区,而共用类型变量的所有成员却共用一个存储区。

(2)一旦定义了结构,这个类型从定义它的地方到文件结束都是可见的。

(3)尽管结构类型名在整个文件中是可见的,结构变量却遵循和其他变量相同的规则,它们只在声明的函数中有效。

(4)C 编译器只为共用体的最大成员分配足够大的内存空间。所有的共用体成员共享同一块内存空间。

(5)结构体和共用体在定义和声明之后,才可以在程序中使用。

8.6 编程经验

(1)定义结构体、共用体和枚举类型时,不能在"}"后漏掉分号。

(2)不能在定义复杂数据类型中为成员变量赋初值,把一种类型的结构变量赋值给另一种结构的变量。

(3)提高程序可以移植性的一种方法是使用 typedef,它能很容易地为类型创建一个别名。而在程序重新写到新的计算机或者操作系统时,要修改这些类型。

(4)嵌套结构类型的变量会占用大量的存储空间。

(5)不能比较结构体和共用体变量大小。

(6)因为共用体的成员访问相同的存储空间,使用它们的时候会给维护程序员造成混乱,比较明智的做法就是少用,并且在使用时给出详细的注释。

(7)选择有意义的结构名称可以提高程序的可读性。

(8)为了强调用 typedef 定义的类型名是其他类型名的别名,以大写的形式书写 typedef

定义的类型名。

(9)不能给已经定义过的枚举类型常量再进行赋值。

(10)为了突出枚举类型的枚举常量,所以枚举常量用大写字母书写。

习　题

1.阅读程序输出结果。

(1)♯include <stdio.h>

```
struct student
{
    int num;
    char * name;
    char sex;
    float score;
}s1 = {102,"Zhang ping",'M',78.5};
void   main()
{
    printf("sex = % c\nscore = % .1f\n",s1.sex,s1.score);
}
```

程序运行后输出的结果是(　　　)。

(2)
```
union u
{
    char u1;
    int u2;
};
main()
{
    union u   a = {0x9843};
    printf("1. % c % x\n",a.u1,a.u2);
    a.u1 = 'b';
    printf("2. % c % x\n",a.u1,a.u2);
}
```

程序运行后输出的结果是(　　　)。

(3)♯define N 5

```
struct student
{
    char num[6];
    char name[8];
    int score[4];
} stu[N];
```

```
    input(stu)
    struct student stu[ ];
    {
        int i,j;
        for(i = 0;i<N;i ++ )
        {
            printf("\n please input % d of % d\n",i + 1,N);
            printf("num: ");
            scanf(" % s",stu[i].num);
            printf("name: ");
            scanf(" % s",stu[i].name);
            for(j = 0;j<3;j ++ )
            {
                printf("score % d.",j + 1);
                scanf(" % d",&stu[i].score[j]);
            }
        printf("\n");
        }
    }
    print(stu)
    struct student stu[ ];
    {
        int i,j;
        printf("\nNo. Name Sco1 Sco2 Sco3\n");
        for(i = 0;i<N;i ++ )
        {
            printf(" % - 6s % - 10s",stu[i].num,stu[i].name);
            for(j = 0;j<3;j ++ )
            printf(" % - 8d",stu[i].score[j]);
            printf("\n");
        }
    }
    main()
    {
        input();
        print();
    }
```

程序运行后输出的结果是(　　)。

(4) #define N 4

　　# include "stdio. h"

```
static struct man
{
    char name[20];
    int age;
} person[N] = {"li",18,"wang",19,"zhang",20,"sun",22};
main()
{
    struct man * q, * p;
    int i,m = 0;
    p = person;
    for (i = 0;i<N;i ++)
    {
        if(m<p ->age)
        q = p ++;
        m = q ->age;
    }
    printf("%s,%d",( * q).name,( * q).age);
}
```

程序运行后输出的结果是(　　　)。

(5)struct STU

```
{
    char name[10];
    int num;
    int Score;
};
main( )
{
    struct STU s[5] = {{"YangSan",20041,703},{"LiSiGuo",20042,580},
    {"wangYin",20043,680},{"SunDan",20044,550},
    {"Penghua",20045,537}}, * p[5], * t;
    int i,j;
    for(i = 0;i<5;i ++)
        p[i] = &s[i];
    for(i = 0;i<4;i ++)
        for(j = i + 1;j<5;j ++)
            if(p[i] ->Score>p[j] ->Score)
            {
                t = p[i];
                p[i] = p[j];
                p[j] = t;
```

```
        }
        printf("5d % d\n",s[1].Score,p[1]->Score);
    }
```

程序运行后输出的结果是(　　　)。

```
(6) #include "stdio.h"
    #include "string.h"
    typedef struct student
    {
        char name[10];
        long sno;
        float score;
    }STU;
    main()
    {
        STU a={"zhangsan",2001,95},b={"Shangxian",2002,90},c={"Anhua",
        2003,95},d,*p=&d;
        d=a;
        if(strcmp(a.name,b.name)>0)
          d=b;
        if(strcmp(c.name,d.name)>0)
          d=c;
        printf(" % ld % s\n",d.sno,p->name);
    }
```

程序运行后输出的结果是(　　　)。

2.建立一个共用体,其成员包括 char c、short s、int i 和 long l。编写程序,读取 char、short、int、long 类型的值,把它们存入共用体类型中去。用对应的类型分别打印出每个变量,它们的结果一样吗?

3.编程序把以下的表格存入结构数组中,并且通过程序输出。

学号	姓名	性别	成绩
06001	王 芳	女	85
06002	杨 柳	女	96
06003	李 蕾	女	78
06004	黄 刚	男	88

4.编写一个程序,定义一个结构,存储一个点上 x,y,z 坐标的信息,从键盘上输入两个点的信息,并求其距离输出。

5.复数相加是将它们的实部和虚部分别相加,例如:复数 5+6i 和复数 3+2i 相加的结果为 8+8i。定义一个复数结构,它包含复数的实部和虚部,编写一个函数,它能够将两个复数结构变量作为参数,将它们的和输出。

6. 复数相减是将它们的实部和虚部分别相减,例如:复数 5＋6i 和复数 3＋2i 相减的结果为 2＋4i。定义一个复数结构,它包含复数的实部和虚部,编写一个函数,它能够将两个复数结构变量作为参数,将它们的差输出。

7. 选择题

(1)设有定义:struct {char mark[12];int num1;double num2;} t1,t2;,若变量均已正确赋初值,则以下语句中错误的是(　　)。

(A)t1＝t2;　　　　　　　　(B)t2. num1＝t1. num1;

(C)t2. mark＝t1. mark;　　　(D)t2. num2＝t1. num2;

(2)有以下程序:

```
# include <stdio.h>
struct S
    { int a, b; } data[2] = {10, 100, 20, 200};
main()
    { struct S p = data[1];
      printf("%d\n", ++(p.a));
    }
```

程序运行后的输出结果是(　　)。

(A)10　　　　(B)11　　　　(C)20　　　　(D)21

(3)有以下程序

```
# include <stdio.h>
struct S
    { int a,b;}data[2] = {10,100,20,200};
main()
    { struct S p = data[1];
      printf("%d\n", ++(p.a));
    }
```

程序运行后的输出结果是(　　)。

(A)10　　　　(B)11　　　　(C)20　　　　(D)21

(4)有以下程序:

```
# include <stdio.h>
struct ord
    { int x,y;}dt[2] = {1,2,3,4};
main()
    { struct ord *p = dt;
      printf("%d,", ++(p->x)); printf("%d\n", ++(p->y));
    }
```

程序运行后的输出结果是(　　)。

(A) 1,2　　　　(B)4,1　　　　(C) 3,4　　　　(D) 2,3

第 9 章 文件操作

在前面所学的程序中,所有的程序都只能在运行时显示其执行结果,无法将执行的结果保存起来,以供查看。如果想将程序执行的结果保存下来,或者将程序执行时能够调用已有文件中的数据信息,这就需要学习使用 C 语言编程对文件进行访问。

9.1 文件概述

9.1.1 文件

所谓"文件"是指以文件名标识的一组相关数据的有序集合。它是操作系统数据管理的单位。每个文件在磁盘中的具体存放位置、格式以及读写等工作都由文件系统管理。实际上在前面的各章中我们已经多次使用了文件,例如源程序文件、目标文件、可执行文件、库文件(头文件)等。

C 语言将文件看成是字节序列。但从对文件中的数据的解释方式看来,C 语言可以分为两种文件类型:文本文件和二进制文件。一般情况下,后缀是. txt,. c,. cpp,. h,. ini 等文件是文本文件;后缀是. exe,. com,. lib,. doc,. dat 等的文件大多是二进制文件。

使用文件的好处如下。

①程序与数据分离,即文件的改动不引起程序的改动。

②数据共享,即不同程序可以访问同一数据文件中的数据。

③延长数据的生存周期,即能长期保存程序运行的中间数据或结果数据。

9.1.2 文件的分类

文件一般是存储在外部介质上,在使用时才调入内存中来。从不同的角度可对文件作不同的分类。

1. 从用户的角度

从用户的角度看,文件可分为设备文件和普通文件。

(1)设备文件。

在 C 语言中,"文件"的概念被进一步拓展,把每台与主机相连的输入输出设备都看作是一个文件即把实际的物理设备抽象为逻辑文件,它们被称为设备文件。

通常把显示器定义为标准输出文件,一般情况下在屏幕上显示有关信息就是向标准输出文件的输出。如前面经常使用的 printf 函数就是这类输出。键盘通常被指定标准的输入文件,从键盘上输入就意味着从标准输入文件上输入数据。scanf 函数就属于这类输入。

(2)普通文件。

普通文件是我们通常使用的文件,也就是存储在磁盘或其他介质上的一组相关数据集,可以是源文件、头文件、目标文件、可执行程序等等。

2. 从文件的逻辑结构

从文件的逻辑结构看可分为记录文件和流式文件。

(1)记录文件。

由具有一定结构的记录组成,它们通常有定长记录和不定长记录两种如每一个学生的学习成绩就构成一条记录。

(2)流式文件。

常用的设备输入输出都是通过流式文件来处理的。由一系列的字符(字节)数据顺序组成如我们编写的C语言程序。

3. 按文件编码的方式

按文件编码的方式可分为文本文件和二进制文件。

(1)文本文件。

又称 ASCII 文件,其中每个字节存放一个 ASCII 码。文本文件的输出与字符是一一对应的,因此它便于对字符逐个处理,也便于输出显示,在 DOS 操作系统下可以直接阅读。文本文件由文本行组成,每行由零个或者多个字符组成,并以"\n"换行符结束。文本文件的特点是存储量大、速度慢、便于对字符操作,由于是按字符显示,因此容易读懂文件内容。

例如:

数 4567 的存储方式为:

字符	'4'	'5'	'6'	'7'
ASCII	00110100	00110101	00110110	00110111

它在内存中占 4 个字节。

(2)二进制文件。

二进制文件是把数据按其在内存中的存储形式原样存放到文件磁盘中。特点是节省外存空间、速度快、便于存放中间结果。二进制文件虽然也可在屏幕上显示,但其内容无法读懂。C 系统在处理这些文件时,并不区分类型,都看成是字符流,按字节进行处理。如:

数	4567	
二进制	00010001	11010111

它在内存中仅占 2 个字节。

9.1.3　文件指针

在 C 语言中,对文件的访问是通过文件指针来实现的,因此,弄清楚文件与文件指针的关系,对于学习文件的访问是非常重要的。

1. 文件类型指针

在 C 语言中有一个 FILE 类型,它是存放有关文件信息的结构体类型,FILE 类型结构在 stdio.h 定义,其内容如下:

```
typedef struct
```

```
{
    short           level;          //缓冲区满或空的程度
    unsigned        flags;          //文件状态标志
    char            fd;             //与文件相关的标识符,即文件句柄
    unsigned char   hold;           // 如无缓冲则不读取字符
    short           bsize;          // 缓冲区大小,默认为 512 字节
    unsigned char   * buffer;       // 数据缓冲区的指针
    unsigned char   * curp;         //当前激活文件指针
    unsigned        istemp;         //临时文件标示
    short           token;          //用于文件有效性检查
}FILE;
```

FILE 对于文件来说十分重要,它可以用于定义文件类型指针变量。例如:

`FILE * fp;`

通过文件类型指针变量(简称文件指针或文件的指针变量),能够利用文件操作找到与它相关的文件;对于已打开的文件进行的读/写操作都是通过指向该文件结构的指针变量进行的。

2. 设备文件

C 语言将所有的外部设备都作为文件看待,这样的文件称为设备文件。C 语言中常用的设备文件有:

CON 或 KYBD　　——键盘
CON 或 SCRN　　——显示器
PRN 或 LPT　　——打印机
AUX 或 COM1　　——异步通信器

在进行文件操作时,系统会自动与三个标准设备文件的终端设备相联系。它们的文件结构体指针的命名为:

stdin——标准输入文件结构体指针,系统分配为键盘。

stdout——标准输出文件结构体指针,系统分配为显示器。

stderr——标准错误输出文件结构体指针,系统分配为显示器。

9.1.4　文件系统

在 C 语言中有两种处理文件的方法:一是"缓冲文件系统",另一种是"非缓冲文件系统"。"缓冲文件系统"是指系统自动在内存中为每个正在使用的文件各开辟一个缓冲区。从内存向磁盘输出数据必须先送到缓冲区,待缓冲区装满后才送到磁盘。如果从磁盘读入数据,则一次从磁盘将一批数据输入到内存缓冲区,然后再依次从缓冲区将数据送到程序数据区,赋给程序变量,如图 9-1 所示。缓冲区的大小由各具体的 C 语言版本确定。

"非缓冲系统"是指系统不自动开辟确定大小的缓冲区,而由程序为每个文件设定缓冲区。ANSI C 标准规定采用缓冲文件系统。

在 C 语言中,没有文件的输入/输出语句,对文件的读写都必须用库函数来实现,它们集中在 stdio. h 头文件中。

图 9-1　缓冲文件系统示意图

9.2　文件的打开和关闭

C语言程序在进行文件操作时必须遵守"打开—读写—关闭"的操作流程。不打开文件就不能读写文件中的数据,不关闭文件则就会耗尽操作系统,所以在读写文件之前必须先"打开"文件,在使用文件之后必须关闭文件。

9.2.1　文件的打开

使用函数 fopen 来打开一个文件,其调用的一般形式为:

　　文件指针名 = fopen(文件名,打开文件方式);

其中:

"文件指针名"必须是说明为 FILE 类型的指针变量。

"文件名"是打开文件的文件名,它可以是字符串常量或者字符数组。

"打开文件方式"是指文件的类型和操作要求,见表 9-1。

表 9-1　文件打开方式

打开模式	意　义
rt	只读打开一个文本文件,只允许读数据
wt	只写打开或建立一个文本文件,只允许写数据
at	追加打开一个文本文件,并在文件末尾写数据
rb	只读打开一个二进制文件,只允许读数据
wb	只写打开或建立一个二进制文件,只允许写数据
ab	追加打开一个二进制文件,并在文件末尾写数据
rt+	读写打开一个文本文件,允许读和写
wt+	读写打开或建立一个文本文件,允许读写
at+	读写打开一个文本文件,允许读,或在文件末追加数据
rb+	读写打开一个二进制文件,允许读和写
wb+	读写打开或建立一个二进制文件,允许读和写
ab+	读写打开一个二进制文件,允许读,或在文件末追加数据

例如:

```
FILE * fp;
fp = fopen("C.DAT","rb");
```

其意思是打开当前目录下的 C. DAT 文件,这是一个二进制文件,只允许进行读操作,并使 fp 指针指向该文件。

```
fp = fopen("C:\\CP\\README.TXT","rt");
```

其意思是以读文本文件方式打开指定路径下的文件。注意路径字符串中的"\"是转义字符,表示一个反斜杠。

```
fp = fopen("C.DAT","w + b");
```

其意思是在当前目录下建立一个可读可写的二进制文件。

说明:

① 文件打开模式由 r、w、a、t、b、+ 这 6 个字符拼成,各字符的含义是:

  r(read):   读

  w(write):   写

  a(append): 追加

  t(text):   文本文件,可省略不写

  b(banary): 二进制文件

  +:   读和写

② 用"w"打开的文件只能向该文件写入。若打开的文件不存在,则以指定的文件名建立该文件,若打开的文件已经存在,则将该文件删去,重建一个新文件。

③ 若要向一个已存在的文件追加新的信息,只能用"a"方式打开文件。但此时该文件必须是存在的,否则将会出错。

④ 把一个文本文件读入内存时,要将 ASCII 码转换成二进制码,而把文件以文本方式写入磁盘时,也要把二进制码转换成 ASCII 码,因此文本文件的读写要花费较多的转换时间。对二进制文件的读写不存在这种转换。

⑤ 在打开一个文件时,如正常打开,fopen 函数将返回一个指向文件结构体的指针,如该文件不存在,将返回一个空指针 NULL。在程序中可以用这一信息来判断是否完成打开文件的操作,并进行相应的处理。因此常用下列程序段打开文件:

```
if((fp = fopen("C:\\cp\\readme.txt","r") == NULL)
{
    printf("\nerror on open C:\cp\readme.txt! \n");
    exit(1);
}
else
……   //从文件中读取数据
```

【例 9 - 1】 以下程序用来判断指定文件是否能正常打开,请填空。

```
# include <stdio.h>
main()
{
    FILE * fp;
    if((((fp = fopen("test.txt", "r")) == _____))
        printf("未能打开文件! \n");
    else
```

```
        printf("文件打开成功! \n");
}
```

答案:NULL

9.2.2　文件的关闭

文件一旦使用完毕,应该使用 fclose 函数把文件关闭,以避免文件数据的丢失或者文件再次被误用。fclose 函数调用的一般格式为:

```
fclose(文件指针);
```

如： fclose(fp);

文件的关闭操作使文件指针变量不再指向与该文件对应的 FILE 结构,从而断开与文件的关联。关闭文件操作会引起系统对文件缓冲区的一系列操作,因为当向文件写数据时,事先将数据写到缓冲区内,待缓冲区满后才将缓冲区内容整块送到磁盘文件中。若程序结束时,缓冲区尚未满,则其中的数据没有传到磁盘上,必须使用 fclose 函数关闭文件,强制系统将缓冲区中的所有数据送到磁盘,并释放文件指针变量。否则这些数据可能只是输出到了缓冲区中,并没有真正写到磁盘文件中。文件操作正常返回 0,否则返回 EOF。如果不关闭文件,将会丢失数据,应该养成在使用完文件后关闭文件的习惯。一个 C 程序能同时打开的文件数有限,文件用完后应及时关闭。程序退出时所有文件将自动关闭。

9.3　文件的读写

对文件的读和写是最常用的文件操作。在 C 语言中提供了多种文件读写的函数,它们的区别主要是读写单位不同。

    字符读写函数:fgetc 和 fputc
    字符串读写函数:fgets 和 fputs
    数据块读写函数:fread 和 fwrite
    格式化读写函数:fscanf 和 fprinf
    字输入输出函数: getw 和 putw

下面分别予以介绍。使用以上函数都要求包含头文件 stdio. h。

9.3.1　字符输入输出函数

字符读写函数是以字节为单位的读写函数,每次可以从文件读取或者向文件中写入一个字符。

1. 写字符函数 fputc()

fputc 函数的功能是将一个字符写入指定的文件中,其调用格式为:

```
fputc(字符量,文件指针);
```

这里待写入的字符量可以是字符常量或者变量。如"a"或者变量名 ch。

fputc 函数的使用说明:

①被写入的文件可以用写、读写和追加的方式打开,若用写或者读写的方式打开一个已经存在的文件时,文件的原有内容将被清除,从文件首开始写入字符。若使用追加的方式打开文件时,则写入的字符从文件末尾开始存放。被写入的文件若不存在,则创建新文件。

②fputc 函数有一个返回值,如写入成功,则返回写入字符,否则返回一个 EOF。

③每写入一个字符,文件内部位置指针向后移动一个字符。注意文件指针和文件内部指针不是一回事。文件指针是指向整个文件的,需要在程序中定义说明,只要不重新赋值,文件指针的值是不变的。文件内部的位置指针用以指示文件内部的当前读写位置,每读写一次,该指针就会向后移动,它不需要在程序中定义说明,而是由系统自动设置。

【例 9 - 2】　以下程序打开新文件 f. txt,并调用字符输出函数将 a 数组中的字符写入其中,请填空。

```
#include <stdio.h>
main()
{
    FILE * fp;
    char a[5] = {´1´,´2´,´3´,´4´,´5´},i;
    fp = fopen("f .txt","w");
    for(i = 0;i<5;i++)  _____(a[i],fp);
    fclose(fp);
}
```

答案:fputc

2. 读字符函数 fgetc()

fgetc 函数的功能是从指定的文件中读取一个字符,其调用格式为:

字符变量=fgetc(文件指针);

fgetc 函数说明:

①在 fgetc 函数调用中,读取的文件必须是以读或者读写方式打开。

②读取字符的结果也可以不向字符变量赋值。例如:

fgetc(fp);

③每读出一个字符,文件内部位置指针向前移动一个字符。

④若输入操作成功,函数返回读入的字符;若读到文件尾或出错,为 EOF;

【例 9 - 3】　从键盘输入字符,以输入"*"为止,逐个存到磁盘文件中,并且再读该文件,将写进的字符显示到屏幕上。

```
#include <stdio.h>
main()
{
    FILE * fp;
    char c,filename[30];
    printf("Please input filename:");
    fgets(filename);
    if((fp = fopen(filename,"w")) == NULL)
    {
        printf("cannot open the file\n");
        exit(0);
    }
```

```
        printf("Please input the string you want to write:");
        c = getchar();
        while(c! = ´ * ´)
        {
            fputc(c,fp);
            c = getchar();
        }
        fclose(fp);
        printf("The file is:");
        fp = fopen(filename,"r");
        c = getc(fp);
        while(c! = EOF)
        {
            putchar(c);
            c = getc(fp);
        }
        fclose(fp);
}
```

运行结果如下：

Please input filename：

F1.c

Please inputthe string you want to write：

Hello *

The file is：

Hello

9.3.2 文件字符串输入输出函数

1. 读字符串函数 fgets

fgets 函数的功能是从指定的文件中读出一个字符串到字符数组中。其调用格式为：

fgets(字符数组名,n,文件指针)；

这里 n 是一个正整数,表示从文件中读出的字符串不超过 n−1 个字符。在输入最后一个字符后加上串结束标志"\0"。读取过程中若遇到换行符或者文件结束标志(EOF),则读取结束。

2. 写字符函数 fputs

fputs 函数的功能是将一个字符串写入指定的文件。其调用格式为：

fputs(字符串,文件指针)；

这里,字符串可以是字符常量,也可以是字符数组,或者是字符指针。

【例 9 - 4】 从键盘输入一个字符串,存到磁盘文件中,并且再读该文件,将写进的字符串显示到屏幕上。

```
#include<stdio.h>
```

```
main()
{
    FILE    *fp;
    char    string1[100],filename[30];
    printf("Please input filename:");
    gets(filename);
    if((fp = fopen(filename,"w")) == NULL)
    {
        printf("cann't open the file");
        exit(0);
    }
    printf("Please input the string you want to write:");
    gets(string1);
    if(strlen(string1)>0)
    {
        fputs(string1,fp);
    }
    fclose(fp);
    if((fp = fopen(filename ,"r")) == NULL)
    {
        printf("cann't open the file");
        exit(0);
    }
    printf("The file is:");
    while(fgets(string1,100,fp)! = NULL)
    puts(string1);
    fclose(fp);
}
```

运行结果如下：

```
Please input filename:
F1.c
Please inputthe string you want to write:
Hello world!
The file is:
Hello world!
```

9.3.3　数据块输入输出函数

1. 数据块读函数 fread( )

　　fread 函数的功能是从指定的文件中读取规定大小的数据块，将读出的数据一次存入规定缓冲区内存之中。其调用格式为：

fread(p,size,n,fp);

说明：

①p:指向要输入/输出数据块的首地址的指针；

②size:某类型数据存储空间的字节数(数据项大小)；

③n:此次从文件中读取的数据项数；

④fp:文件指针变量。

2. 数据块写函数 fwrite( )

fwrite 函数的功能是将一固定长度的数据块写入文件中,其调用格式为：

fwrite(p, size, n, fp);

说明：

①p:指向要输入/输出数据块的首地址的指针；

②size:某类型数据存储空间的字节数(数据项大小)；

③n:此次写入文件的数据项数；

④fp:文件指针变量。

fread 函数和 fwrite 函数在调用成功时,返回函数的值为 n 的值,即输入输出数据的项数,如果调用失败(读写出错),则返回 0。

【例 9 - 5】　从键盘输入 5 个员工的信息,把他们转存到磁盘文件中去。

```c
#include <stdio.h>
#define N 5
struct work_type
{
    char name[10];
    int ID;
    int age;
    float salary;
    char addr[15];
}worker[N];
void save()
{
    FILE  * fp;
    int i;
    if((fp = fopen("worker.txt","wb")) == NULL)
    {
      printf("cannot open file\n");
      return;
    }
    for(i = 0;i<N;i ++ )
if(fwrite(&worker[i],sizeof(worker[i]),1,fp)! = 1)
  printf("file write error\n");
```

```
    fclose(fp);
}
void display()
{
    FILE * fp;
    int i;
    if((fp = fopen("worker.txt","rb")) == NULL)
    {
      printf("cannot open file\n");
      return;
    }
    printf("The detail of students is:\n");
    for(i = 0;i<N;i++)
    {
        fread(&worker[i],sizeof(worker[i]),1,fp);
        printf("%s    %d    %d    %f   %s\n", worker[i].name, worker[i].ID,
        worker[i].age, worker[i].salary , worker[i].addr);
    }
    fclose(fp);
}
main()
{
    FILE * fp;
    int i;
    if((fp = fopen("worker.txt","rb")) == NULL)
    {
        printf("can't open the file\n");
        return;
    }
    for(i = 0;i<N;i++)
    {
        printf("Please input the details of students:\n");
        printf("name:");
        scanf("%s",worker[i].name);
        printf("ID:");
        scanf("%d",&worker[i].ID);
        printf("age:");
        scanf("%d",&worker[i].age);
        printf("salary:");
```

```
            scanf("% f",&worker[i]. salary);
            printf("address:");
            scanf("% s",worker[i]. addr);
        }
        save();
        display();
        fclose(fp);
    }
```

运行结果:

Please input the details of students:

name:zhang

ID:1001

age:23

salary:1000

address:1ST

Please input the details of students:

name:wang

ID:1002

age:23

salary:1005

address:2ST

Please input the details of students:

name:li

ID:1003

age:25

salary:1200

address:3ST

Please input the details of students:

name:zhao

ID:1004

age:21

salary:1230

address:4ST

Please input the details of students:

name:hu

ID:1005

age:27

salary:2000

address:5ST

```
The detail of students is:
zhang    1001    23    1000.000000    1ST
wang     1002    23    1005.000000    2ST
li       1003    25    1200.000000    3ST
zhao     1004    21    1230.000000    4ST
hu       1005    27    2000.000000    5ST
```

9.3.4 格式化输入输出函数

文件中的输入输出和数据的输入输出基本类似。文件中的输入输出函数为 fprintf 和 fscanf 函数,它们都是格式化输入输出函数。它与 printf 和 scanf 的区别在于它的读写对象是磁盘文件而不是键盘和显示器。

(1)文件格式化输入函数 fscanf()。

fscanf()的功能为按格式对文件进行输入操作。调用格式为:

  fscanf(文件指针,格式控制字符串,输入地址列表);

(2)文件格式化输出函数 fprintf()。

fprintf()的功能是按格式对文件进行输出操作。调用格式为:

  fprintf(文件指针,格式控制字符串,输出地址列表);

fcanf 和 fprintf 函数当调用成功时,返回输出的字节数,如果调用失败(出错或文件尾)则返回 EOF。

【例 9 - 6】 若文本文件 filea. txt 中原有内容为:hello,则运行以上程序后,文件 filea. txt 中的内容为_____。

例如:

```
#include <stdio.h>
main()
{
    FILE *f;
    f = fopen("filea.txt","w");
    fprintf(f,"abc");
    fclose(f);
}
```

答案:abc

【例 9 - 7】 从键盘按格式输入数据存到磁盘文件中去,并按相应的格式读出并输出。

```
#include <stdio.h>
main()
{
    char s1[100],s2[100];
    int a,b;
    FILE *fp;
    char filename[40];
```

```
    printf("filename：");
    gets(filename);
    if((fp = fopen(filename,"w")) == NULL)
    {
        puts("can't open file");
        exit() ;
    }
    printf("Please input the info：");
    scanf("％d",&a);
    scanf("％s",s1);
    fprintf(fp,"％s   ％d",s1,a);//write to file
    fclose(fp);
    if((fp = fopen(filename,"r"))vNULL)
    {
        puts("can't open file");
        exit();
    }
    fscanf(fp,"％s ％d",s2,&b);//print to screen
    printf("％s ％d",s2,b);
    fclose(fp);
}
```

运行结果：

filename：F2.c

Please input the info：2008

China

9.3.5 字输入输出函数

1. 字输入函数 putw( )

putw 函数的功能是把整型数 w 写入 fp 所指向的文件(以写方式打开的二进制文件)。
putw 函数的调用格式为：

putw(w, fp);

说明：

①w：要输出的整型数据,可以是常量或变量。

②fp：文件指针变量。

2. 字输入函数 getw( )

getw()函数的功能是从 fp 所指向的文件(以读方式打开的二进制文件)中读取一个整型数。
函数的调用格式为：

getw(fp);

说明：

fp：文件指针变量。

putw 和 getw 函数如果调用成功，则返回要输入输出的整数数据，如果调用失败，则返回 EOF。

【例 9 - 8】 从键盘里输入一系列的数字，并将其存为一个二进制文件，再将文件内容读出，并读取其中的数据。

```
# include "stdio.h"
main( )
{
    FILE * fp;
    char filename[30];
    int a[5],b[5],i,n;
    printf("Please input the filename：");
    gets(filename);
    if ((fp = fopen(filename,"wb")) == NULL)
    {
        printf("Can´t open the file");
        return 0;
    }
    printf("Please input the data：");
    for(i = 0;i<5;i++ )
        scanf("%d",&a[i]);
    for (i = 0; i<5; i++ )
        putw(a[i],fp);
    fclose(fp);
    printf("the file is :\n");
    fp = fopen(filename,"rb");
    for (i = 0; i<5; i++ )
    {
        b[i] = getw(fp);
        printf("%d \n",b[i]);
    }
    fclose(fp);
}
```

运行结果：

```
Please input the filename：TEST.INI
Please input the data：1
2
3
4
5
the file is :
```

```
1
2
3
4
5
```

9.4　文件的定位

在文件读写过程中,操作系统为每个打开的文件设置了一个位置指针,指向当前读写数据的位置。每次读写一个字节后,这个指针向后移动一个位置。文件的位置指针不是一个指针数据,仅仅是一个无符号的长整型数据,用来表示当前读写的位置。

文件的读写方式分为:

顺序读写:位置指针按字节位置顺序移动,叫顺序读写。

随机读写:位置指针按需要移动到任意位置,叫随机读写。

1. rewind 函数

rewind 函数的功能是重置文件位置指针到文件开头。调用格式为:

　　rewind(文件指针);

【例 9 - 9】　对一个磁盘文件进行显示和复制两次操作。

```c
#include <stdio.h>
main()
{
    FILE *fp1, *fp2;
    fp1 = fopen("d:\\1.c", "r");
    fp2 = fopen("d:\\2.c", "w");
    while(! feof(fp1))
      putchar(getc(fp1));
    rewind(fp1);
    while(! feof(fp1))
      putc(getc(fp1), fp2);
    fclose(fp1);
    fclose(fp2);
}
```

2. fseek 函数

fseek 函数的功能为改变文件位置指针的位置。调用的格式为:

fseek(文件指针,位移量,起始位置);

文件指针是指被移动的文件。

位移量是指移动的字节数,大于 0 表明新的位置在初始值的后面,小于 0 表明新的位置在初始值的前面。

起始位置是指从何处开始规定位移量,具体数据如表 9 - 2 所示。

表 9 - 2　起始位置的含义

起始点	表示符号	数字表示
文件开始处	SEEK_SET	0
当前位置	SEEK_CUR	1
文件末尾处	SEEK_END	2

例如：

　　fseek(fp,30,0)从文件开始位置向文件结束方向移动 30 个字节

　　fseek(fp,-10,1)从当前位置向文件开始方向移动 10 个字节

　　fseek(fp,-8,2)从文件结束位置向文件开始方向移动 8 个字节

该函数仅适用于二进制文件。

3. ftell 函数

ftell 函数的功能是返回位置指针当前位置(用相对文件开头的位移量表示)。适用于二进制文件和文本文件。

调用格式为：

　　ftell(文件指针);

当函数调用成功则返回当前位置指针位置,如果调用失败则返回-1L。

9.5　文件的检错

1. 文件结束检测函数 feof

feof 函数的功能是判断文件是否处于文件结束位置,如文件结束,则返回值为 1,否则为 0。调用格式为：

　　feof(文件指针);

调用结束时,如果文件结束,则返回 1,否则返回 0。

2. ferror 函数

ferror 函数的功能是测试文件是否出现错误。调用格式为：

　　ferror(文件指针);

调用结束时,如果未出错,返回 0,如果出错,则返回非 0。

说明：

①每次调用文件输入输出函数,均产生一个新的 ferror 函数值,所以应及时测试。

②fopen 打开文件时,ferror 函数初值自动置为 0。

3. clearerr 函数

clearerr 函数的功能是用于清除出错标志和文件结束标志,使它们为 0 值。函数调用格式为：

　　clearerr(文件指针);

说明：

出错后,错误标志一直保留,直到对同一文件调 clearerr(fp)或 rewind 或任何其他一个输入输出函数。

【例 9 - 10】　从 C 盘中读取一文件 stud2.dat,但是该文件不存在,给出报错信息,并且通

过 clearerr()函数将其出错标志清空。

```c
#include <stdio.h>
int main(void)
{
    FILE *stream;
    stream = fopen("c:\\stud2.dat", "w");
    getc(stream);
    if (ferror(stream))
    {
        printf("Error reading from stud2.data\n");
            clearerr(stream);
    }
    if(!ferror(stream))
        printf("Error indicator cleared!");
    fclose(stream);
    return 0;
}
```

运行结果：

Error reading from stud2.data

Error indicator cleared!

【例 9 - 11】 磁盘文件上有 3 个学生数据，要求读入第 1 个、第 3 个学生数据并显示。

```c
#include <stdio.h>
struct student_type
{
    int num;
    char name[10];
    int age;
    char addr[15];
}stud[3];
main()
{
    int i;
    FILE *fp;
    if((fp = fopen("d:\\55.data","rb")) == NULL)
    {
        printf("can't open file\n");
    exit(0);
    }
    for(i = 0;i<3;i + = 2)
    {
```

```
        fseek(fp,i * sizeof(struct student_type),0);
        fread(&stud[i],sizeof(struct student_type),1,fp);
        printf("%s   %d   %d   %s\n",stud[i].name,stud[i].num,
        stud[i].age,stud[i].addr);
    }
    fclose(fp);
}
```

9.6　C 语言库文件

C 语言系统提供了丰富的系统文件,称为库文件,C 语言的库文件分为两类,一类是扩展名为".h"的文件,称为头文件,在前面的包含命令中我们已多次使用过。在".h"文件中包含了常量定义、类型定义、宏定义、函数原型以及各种编译选择设置等信息。另一类是函数库,包括了各种函数的目标代码,供用户在程序中调用。通常在程序中调用一个库函数时,要在调用之前包含该函数原型所在的".h"文件。

下面给出 Turbo C 的全部".h"文件。

Turbo C 头文件

- ALLOC.H　　　　说明内存管理函数(分配、释放等)。
- ASSERT.H　　　定义 assert 调试宏。
- BIOS.H　　　　 说明调用 IBM – PC ROM BIOS 子程序的各个函数。
- CONIO.H　　　　说明调用 DOS 控制台 I/O 子程序的各个函数。
- CTYPE.H　　　　包含有关字符分类及转换的名类信息(如 isalpha 和 toascii 等)。
- DIR.H　　　　　 包含有关目录和路径的结构、宏定义和函数。
- DOS.H　　　　　 定义和说明 MSDOS 和 8086 调用的一些常量和函数。
- ERRON.H　　　　定义错误代码的助记符。
- FCNTL.H　　　　定义在与 open 库子程序连接时的符号常量。
- FLOAT.H　　　　包含有关浮点运算的一些参数和函数。
- GRAPHICS.H　　说明有关图形功能的各个函数,图形错误代码的常量定义,正对不同驱动程序的各种颜色值,及函数用到的一些特殊结构。
- IO.H　　　　　　包含低级 I/O 子程序的结构和说明。
- LIMIT.H　　　　包含各环境参数、编译时间限制、数的范围等信息。
- MATH.H　　　　 说明数学运算函数,还定了 HUGE VAL 宏,说明了 matherr 和 matherr 子程序用到的特殊结构。
- MEM.H　　　　　 说明一些内存操作函数(其中大多数也在 STRING.H 中说明)。
- PROCESS.H　　　说明进程管理的各个函数,spawn…和 EXEC …函数的结构说明。
- SETJMP.H　　　 定义 longjmp 和 setjmp 函数用到的 jmp buf 类型,说明这两个函数。
- SHARE.H　　　　定义文件共享函数的参数。
- SIGNAL.H　　　 定义 SIG[ZZ(Z] [ZZ)]IGN 和 SIG[ZZ(Z] [ZZ)]DFL 常量,说明 rajse 和 signal 两个函数。
- STDARG.H　　　 定义读函数参数表的宏。(如 vprintf,vscarf 函数)。

- STDDEF. H 　　　　定义一些公共数据类型和宏。
- STDIO. H 　　　　　定义 Kernighan 和 Ritchie 在 Unix System V 中定义的标准和扩展的类型和宏。还定义标准 I/O 预定义流：stdin，stdout 和 stderr，说明 I/O 流子程序。
- STDLIB. H 　　　　说明一些常用的子程序：转换子程序、搜索/ 排序子程序等。
- STRING. H 　　　　说明一些串操作和内存操作函数。
- SYS\STAT. H 　　　定义在打开和创建文件时用到的一些符号常量。
- SYS\TYPES. H 　　说明 ftime 函数和 timeb 结构。
- SYS\TIME. H 　　　定义时间的类型 time[ZZ(Z)　[ZZ]]t。
- TIME. H 　　　　　定义时间转换子程序 asctime、localtime 和 gmtime 的结构，ctime、difftime、gmtime、localtime 和 stime 用到的类型，并提供这些函数的原型。
- VALUE. H 　　　　定义一些重要常量，包括依赖于机器硬件的和为与 Unix System V 相兼容而说明的一些常量，包括浮点和双精度值的范围。

9.7　综合举例

一个班级有若干名学生(不超过 100 名)，共有 3 门课程，分别是数学、英语、程序设计，要求编写一个成绩的管理系统，每个学生要求有学号、姓名、3 门课程的成绩，以及平均成绩，可以实现从键盘上输入学号(必须为数字)、姓名、3 门课的成绩，并且具有如下的菜单：

学生学籍管理系统

＊＊＊＊＊＊＊＊＊＊＊＊＊＊＊＊＊MENU＊＊＊＊＊＊＊＊＊＊＊＊＊＊＊＊＊＊＊

1. Enter new data

2. Browse all

3. Search by num

4. Order by average

5. Save file

6. Load file

7. copy file

8. Exit

＊＊＊＊＊＊＊＊＊＊＊＊＊＊＊＊＊＊＊＊＊＊＊＊＊＊＊＊＊＊＊＊＊＊＊＊＊

用户可以根据菜单来选择操作，菜单的含义如下：

1. Enter new data	输入新数据
2. Browse all	浏览所有数据
3. Search by num	根据学号查询学生信息
4. Order by average	根据平均成绩排序
5. Save file	保存数据到当前路径中的 score. txt 文件中
6. Load file	从 score. txt 中加载数据
7. copy file	将当前的数据另存到其他文件夹
8. Exit	退出系统

分析：

根据题目要求，可以使用结构体数组来存储学生的信息，结构体包括学号、姓名、各科成绩、平均成绩四个成员，分别使用字符数组、字符数组、整型数组、浮点型变量来表示。

在主函数之外，分别编写菜单函数 menu()、输入函数 enter()、浏览函数 browse()、查找函数 search()、排序函数 order()、保存函数 save()、加载函数 load()、拷贝函数 copy()等函数，通过主函数调用 menu 来实现。

流程图如图 9-2 所示。

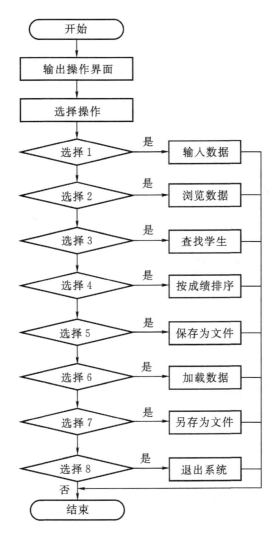

图 9-2　文件在学籍管理中应用的流程图

源程序如下：

```
# include <string.h>
# include <stdio.h>
# define N 100
# define M 3
```

```
typedef struct student
{
    char num[11];
    char name[20];
    int score[M];
    float ave;
}STU;
STU stu[N];
int n;
save()                                          //保存函数,保存 n 个记录
{
    int w = 1;
    FILE * fp;
    int i;
    system("cls");
    if((fp = fopen("score. txt","wb")) == NULL)   //以输出打开方式,在此前的记
                                                  //录被覆盖
    {
        printf("\nCannot open file\n");
        return NULL;
    }
    for(i = 0;i<n;i ++ )
      if(fwrite(&stu[i],sizeof(struct student),1,fp)! = 1)
      {
          printf("file write error\n");
          w = 0;
      }
    if(w == 1)
    {
        printf("file save ok! \n");
    }
    fclose(fp);
    getch();
    menu();
}
void copy()
{
```

```
    char outfile[10],infile[10];              //保存源文件名和目标文件名
    FILE * sfp, * tfp;                        //定义指向源文件和目标文件
                                              //的指针
    STU * p = NULL;                           //定义临时指针,暂存读出的记录
    system("cls");
    printf("Enter infile name,for example :\n");
    scanf("%s",infile);                       //输入源文件名
    if((sfp = fopen(infile,"rb")) == NULL)    //二进制读方式打开源文件
    {
        printf("can not open input file\n");  //显示不能打开文件信息
        return;                               //返回
    }
    printf("Enter outfile name,for example c:\\f1\\te.txt:\n");
                                              //提示输入目标文件名
    scanf("%s",outfile);                      //输入目标文件名
    if((tfp = fopen(outfile,"wb")) == NULL)   //二进制写方式打开目标文件
    {
        printf("can not open output file \n");
        return;
    }
    while(! feof(sfp))                        //读文件直到文件尾
    {
        if(1! = fread(p,sizeof(STU),1,sfp))
        break;                                //块读
        fwrite(p,sizeof(STU),1,tfp);          //块写
    }
    fclose(sfp);                              //关闭源文件
    fclose(tfp);                              //关闭目标文件
    printf("you have success copy  file!!! \n");  //显示成功拷贝
    printf("\nPass any key to back  . . .");
    getch();                                  //按任意健
    menu();
}
load()                                        //加载记录或可以计算记录个
                                              //数的函数
{
    FILE * fp;
```

```
    int i,w;
    w = 1;
    system("cls");
    if((fp = fopen("score.txt","rb")) == NULL)          //以输出打开方式,在此前的记
                                                        //录被覆盖
    {
        printf("\nCannot open file\n");
        w = 0;
        return NULL;
    }
    for(i = 0;! feof(fp);i ++)
        fread(&stu[i],sizeof(struct student),1,fp);
    fclose(fp);
    if(w == 1)
        printf("Load file ok!");
    n = i - 1;
    getch();
    menu();
                                                        //返回记录个数
}
no_input(int i,int n)                                   //i表示第 i 个的学生信息,n
                                                        //表示比较到第 n 个学生
{
    int j,k,w1;
    do
    {
        w1 = 0;
        printf("NO.:");
        scanf("% s",stu[i].num);
        for(j = 0;stu[i].num[j]! = '\0';j ++)           //学号输入函数,作了严格规定
            if(stu[i].num[j]<'0'||stu[i].num[j]>'9')//判断学号是否为数字
            {
                puts("Input error! Only be made up of (0 - 9).Please reinput! \n");
                w1 = 1;
                break;
            }
        if(w1! = 1)
            for(k = 0;k<n;k ++)                          //比较到第 n 个学生
                                                        //排除第 i 个学生记录即需要
                                                        //修改的
```

```
        if(k! = i&&strcmp(stu[k].num,stu[i].num) == 0)
                                            //判断学号是否有雷同
        {
            puts("This record is exist. please reinput! \n");
            w1 = 1;break;
        }
    }while(w1 == 1);
}
input(int i)                                //输入一个记录函数
{
    int j,sum;
    no_input(i,i);                          //调用学号输入函数
    printf("name:");
    scanf("%s",stu[i].name);
    for(j = 0;j<M;j++)
    {
        printf("score %d:",j + 1);
        scanf("%d",&stu[i].score[j]);
    }
    for(sum = 0,j = 0;j<M;j++)
      sum + = stu[i].score[j];
    stu[i].ave = sum * 1.0/M;
}
enter()
                                            //输入模块
{
    int i;
    system("cls");
    printf("How many students(0 - %d)?:",N);
    scanf("%d",&n);                         //要输入的记录个数
    printf("\nEnter data now\n\n");
    for(i = 0;i<n;i++)
    {
        printf("\nInput No %d student record.\n",i + 1);
        input(i);                           //调用输入函数
    }
    getch();
    menu();
}
```

```
printf_one(int i)                              //显示一个记录的函数
{
    int j;
    printf("%11s   %-17s",stu[i].num,stu[i].name);
    for(j=0;j<M;j++)
      printf("%9d",stu[i].score[j]);
    printf("%9.2f\n",stu[i].ave);
}
browse()                                       //浏览(全部)模块
{
    int i,j;
    system("cls");
    puts("\n-------------------------------");
    printf("\n\tNO.  name              Math    English    Prog    average\n");
    for(i=0;i<n;i++)
    {
        if((i!=0)&&(i%10==0))                  //目的是分屏显示
        {
            printf("\n\nPass any key to contiune  ...");
            getch();
            puts("\n\n");
        }
        printf_one(i);                         //调用显示一个记录的函数
    }
    puts("\n-------------------------------");
    printf("\tThere are  %d record.\n",n);
    getch();                                    //按任意键
    menu();
}
search()                                        //查找模块
{
    int i,k;
    struct student s;
    k=-1;
    system("cls");
    printf("\n\nEnter name that you want to search!    num:");
    scanf("%s",s.num);                          //输入要修改的数据的学号
    printf("\n\tNO.  name              Math    English    Prog    average\n");
    for(i=0;i<n;i++)                            //查找要修改的数据
```

```
        if(strcmp(s.num,stu[i].num) == 0)
        {
            k = i;                              //找到要修改的记录
            printf_one(k);break;                //调用显示一个记录的函数
        }
    if(k == -1)
    {
        printf("\n\nNO exist!");
    }
    getch();
    menu();
}
order()                                         //排序模块(按平均成绩)
{
    int i,j,k;
    struct student s;
    system("cls");
    for(i = 0;i<n-1;i++)                        //选择法排序
    {
        k = i;
        for(j = i+1;j<n;j++)
            if(stu[j].ave>stu[k].ave)
                k = j;
        s = stu[i];
        stu[i] = stu[k];
        stu[k] = s;
    }
    printf("The ordered data is:\n");
    browse();
    getch();
    menu();
}
menu()
{
    int n,w1,m;
    do
    {
        system("cls");                          //清屏
        puts("\t\t\t\t 学生学籍管理系统! \n\n");
```

```
        puts("\t\t* * * * * * * * * * *MENU* * * * * * * * * * * *\n\n");
        puts("\t\t\t\t1.Enter new data");
        puts("\t\t\t\t2.Browse all");
        puts("\t\t\t\t3.Search by name");
        puts("\t\t\t\t4.Order by average");
        puts("\t\t\t\t5.Save file");
        puts("\t\t\t\t6.Load file");
        puts("\t\t\t\t7.copy file");
        puts("\t\t\t\t8.Exit");
        puts("\n\n\t\t* * * * * * * * * * * * * * * * * * * * * * * *\n");
        printf("Choice your number(1-8):[ ]\b\b");
        scanf("%d",&n);
        if(n<0||n>8)                              //对选择的数字作判断
        {
            w1=1;
            printf("your choice is not between 1 and 8,Please input again:");
            getchar();
        }
        else  w1=0;
    } while(w1==1);
                                                  //选择功能
switch(n)
{
    case 1:enter();break;                         //输入模块
    case 2: browse();break;                       //浏览模块
    case 3:search();break;                        //查找模块
    case 4:order();break;                         //排序模块
    case 5:save();break;                          //保存模块
    case 6:n=load();break;                        //加载模块
    case 7:copy();break;                          //拷贝模块
    case 8:exit(0);
}
main()
{
    menu();
}
```

运行结果：

学生学籍管理系统

```
* * * * * * * * * * * * * MENU * * * * * * * * * * * * * * *
              1.Enter new data
              2.Browse all
              3.Search by num
              4.Order by average
              5. Save file
              6. Load file
              7. copy file
              8.Exit

* * * * * * * * * * * * * * * * * * * * * * * * * * * * * *
Choice your number(1 - 8):
```

9.8　小　　结

(1)所谓"文件"是指以文件名标识的一组相关数据的有序集合。它是操作系统数据管理的单位。

(2)文件的分类：

①从用户的角度看,文件可分为设备文件和普通文件两种；

②从文件的逻辑结构来分,可分为记录文件和流式文件；

③按文件编码的方式来分,可分为文本文件和二进制文件。

(3)文件系统可以实现文件的"按名"操作。文件操作包括：读、写、删除、拷贝、显示和打印等。C 文件操作用库函数实现,包含在 stdio.h。

(4)在 C 语言中用一个指针变量指向一个文件,这个指针称为文件指针。即将文件的 FILE 结构变量地址赋给它,就表明在这个文件和文件指针之间建立起了联系,C 语言就把这个指针作为该文件的标识。

9.9　技术提示

(1)文本文件的每一行都用换行符而不是空字符作为结束标志。

(2)如果程序在调用 fclose()前结束,有可能形成内存泄露。

(3)不能使用指向其他数据类型的指针指向文件。

(4)不能以读的方式打开一个并不存在的文件。

(5)打开一个要写入数据的文件时,要确保有足够的磁盘空间。

9.10　编程经验

(1)在操作文件时,必须遵守"打开—读写—关闭"的操作流程,程序员要养成良好的编程习惯。

　　(2)打开文件时,一定要检查 open 函数返回的文件指针是不是 NULL。如果不做文件指针的合法检查,一旦文件打开失败,就会造成错误操作,严重时可以形成系统的崩溃。

　　(3)文件读写操作完成后,一定要关闭该文件,否则将使程序耗尽操作系统提供的资源(文件句柄),最后使包含文件操作的应用程序无法运行。

　　(4)保证用正确的文件指针调用文件处理函数。

　　(5)明确地关闭程序中不再使用的函数。

　　(6)如果不想修改文件内容,最好以只读的方式打开。

　　(7)及时的关闭文件能够释放其他用户或者程序可能在等待的资源。

　　(8)FILE 的结构和操作系统有关系。

习　题

1.编写一个程序,将字符串"I love China"写入文件中去。

2.阅读程序。

(1)执行以下程序后,test. txt 文件的内容是(若文件能正常打开)什么?

```c
#include "stdio.h"
main()
{
    FILE * fp;
    char * s1 = "Fortran", * s2 = "Basic";
    if((fp = fopen("test.txt","wb")) == NULL)
    {
        printf("Can't open test.txt file\n");
        exit(1);
    }
    fwrite(s1,7,1,fp);
    fseek(fp,0L,SEEK_SET);
    fwrite(s2,5,1,fp);
    fclose(fp);
}
```

```c
(2) #include "stdio.h"
    main()
    {
        FILE * fp;char str[10];
        fp = fopen("myfile.dat","w");
        fputs("abc",fp);fclose(fp);
        fopen("myfile.data","a++");
        fprintf(fp," %d",28);
        rewind(fp);
```

```
        fscanf(fp,"%s",str); puts(str);
        fclose(fp);
    }
```
程序运行后输出的结果是（　　）。

(3) #include "stdio.h"
```
    main()
    {
        FILE * fp; int i, k, n;
        fp = fopen("data.dat", "w+");
        for(i = 1; i<6; i++)
        {
            fprintf(fp, "%d ",i);
            if(i % 3 == 0)
            fprintf(fp,"\n");
        }
        rewind(fp);
        fscanf(fp, "%d%d", &k, &n); printf("%d %d\n", k, n);
        fclose(fp);
    }
```
程序运行后输出的结果是（　　）。

(4) #include "stdio.h"
```
    void WriteStr(char * fn,char * str)
    {
        FILE * fp;
        fp = fopen(fn,"w");
        fputs(str,fp);
        fclose(fp);
    }
    main()
    {
        WriteStr("t1.dat","start");
        WriteStr("t1.dat","end");
    }
```
程序运行后输出的结果是（　　）。

(5) #include <stdio.h>
```
    main()
    {
        FILE * fp; int x[6] = {1,2,3,4,5,6},i;
        fp = fopen("test.dat","wb");
```

```
        fwrite(x,sizeof(int),3,fp);
        rewind(fp);
        fread(x,sizeof(int),3,fp);
        for(i=0;i<6;i++) printf("%d",x[i]);
        printf("\n");
        fclose(fp);
    }
```

程序运行后输出的结果是(   )。

(6)以下程序企图把从终端输入的字符输出到名为 abc.txt 的文件中,直到从终端读入字符♯号时结束输入和输出操作,但程序有错,错误在什么地方?

```
#include "stdio.h"
main()
{
    FILE *fout; char ch;
    fout=fopen('abc.txt','w');
    ch=fgetc(stdin);
    while(ch!='♯')
    {
        fputc(ch,fout);
        ch=fgetc(stdin);
    }
    fclose(fout);
}
```

3.从键盘输入一些字符,逐个把它们送到磁盘上去,直到输入一个♯为止。

4.有五个学生,每个学生有 3 门课的成绩,从键盘输入以上数据(包括学生号、姓名、三门课成绩),计算出平均成绩,将原有的数据和计算出的平均分数存放在磁盘文件"stud"中。

5.从键盘输入一个字符串,将小写字母全部转换成大写字母,然后输出到一个磁盘文件"test"中保存。输入的字符串以"!"结束。

6.已知在文件 IN6. DAT 中存有 100 个产品销售记录,每个产品销售记录由产品代码 dm(字符型 4 位)、产品名称 mc(字符型 10 位)、单价 dj(整型)、数量 sl(整型)、金额 je(长整型)几部分组成。其中:金额＝单价×数量。函数 ReadDat()的功能是读取这 100 个销售记录并存入结构数组 sell 中。请编制函数 SortDat(),其功能要求:按产品名称从小到大进行排列,若产品名称相同,则按金额从小到大进行排列,最终排列结果仍存入结构数组 sell 中,最后调用函数 WriteDat()把结果输出到文件 OUT6. DAT 中。

7.选择题。

(1)设 fp 已定义,执行语句 fp＝fopen("file","w");后,以下针对文本文件 file 操作叙述的选项中正确的是(   )。

(A)写操作结束后可以从头开始读   (B)只能写不能读

(C)可以在原有内容后追加写   (D)可以随意读和写

(2)以下叙述中正确的是(　　)。

(A)当对文件的读(写)操作完成之后,必须将它关闭,否则可能导致数据丢失

(B)打开一个已存在的文件并进行了写操作后,原有文件中的全部数据必定被覆盖

(C)在一个程序中当对文件进行了写操作后,必须先关闭该文件然后再打开,才能读到第1个数据

(D)C 语言中的文件是流式文件,因此只能顺序存取数据

(3)有以下程序

```
#include <stdio.h>
main()
{ FILE *fp;
  int i,k,n,j,a[6]={1,2,3,4,5,6};
  fp=fopen("d2.dat","w");
  for(i=0;i<6;i++) fprintf(fp,"%d\n",a[i]);
  fclose(fp);
  fp=fopen("d2.dat","r");
  for(i=0;i<3;i++)fscanf(fp,"%d%d",&k,&n);
  fclose(fp);
  printf("%d,%d\n",k,n);
}
```

程序运行后的输出结果是(　　))。

(A)1,2　　　　　(B)3,4　　　　　(C)5,6　　　　　(D)123.456

(4)有以下程序

```
#include <stdio.h>
main()
{ FILE *fp;int i,a[6]={1,2,3,4,5,6};
  fp=fopen("d2.dat","w+");
  for(i=0;i<6;i++) fprintf(fp,"%d\n",a[i]);
  rewind(fp);
  for(i=0;i<6;i++) fscanf(fp,"%d",&a[5-i]);
  (fp);
  for(i=0;i<6;i++) printf("%d",a[i]);
}
```

程序运行后的输出结果是(　　)。

(A)4,5,6,1,2,3　　　(B)1,2,3,3,2,1　　　(C)1,2,3,4,5,6　　　(D)6,5,4,3,2,1

附录一 C99 标准和 C11 标准新特性

C99 标准

在 C89 或者 ANSI C 的基础上,C99 增加了如下特性。

1. 增加 restrict 指针

C99 中增加了适用于指针的 restrict 类型修饰符,它是初始访问指针所指对象的惟一途径,因此只有借助 restrict 指针表达式才能访问对象。restrict 指针主要用做函数形参,或者指向由 malloc() 函数所分配的内存变量。restrict 数据类型不改变程序的语义。

2. inline(内联)关键字

内联函数除了保持结构化和函数式的定义方式外,还能使程序员写出高效率的代码。如函数在代码内进行内联扩展,则执行代码时,函数与参数不需进栈与退栈,各种寄存器内容不需保存与恢复。

3. 新增数据类型

_Bool:值是 0 或 1,C99 中增加了用来定义 bool、true 以及 false 宏的头文件<stdbool. h>,以便程序员能够编写同时兼容于 C 与 C++的应用程序,在编写新的应用程序时,应该使用<stdbool. h>头文件中的 bool 宏。

_Complex and _Imaginary:C99 标准中定义的复数类型如下:

```
float_Complex;
float_Imaginary;
double_Complex;
double_Imaginary;
long double_Complex;
long double_Imaginary.
```

<complex. h>头文件中定义了 Complex 和 Imaginary 宏,并将它们扩展为_Complex 和_Imaginary,因此在编写新的应用程序时,应该使用<stdbool. h>头文件中的 complex 和 imaginary 宏。

long long int:C99 标准中引进了 long long int($-(2e63-1)$ 至 $2e63-1$)和 unsigned long long int(0 至 $2e64-1$),long long int 能够支持的整数长度为 64 位。

4. 对数组的增强

可变长数组(VLA):C99 中,程序员声明数组时,数组的维数可以由任意有效的整型表达式确定,包括只在运行时才能确定其值的表达式,这类数组就叫做可变长数组。但是只有局部数组才可以是变长的。可变长数组的维数在数组生存期内是不变的,也就是说,可变长数组不是动态的.可以变化的只是数组的大小.可以使用 * 来定义不确定长的可变长数组。

5. 单行注释

字符//引入包含直到(但不包括)新换行符的所有多字节字符的注释,除非// 字符出现在字符常量、字符串文字或注释中。

6. 分散代码与声明

C 编译器接受关于可执行代码的混合类型声明,如以下示例所示:

```
# include <stdio.h>
int main(void)
{
    int num1 = 3;
    printf("%d/n", num1);
    int num2 = 10;
    printf("%d/n", num2);
    return(0);
}
```

7. 预处理程序的修改

(1)具有可变数目的参数的宏。

C 编译器接受以下形式的 #define 预处理程序指令:

```
#define identifier (...) replacement_list
#define identifier (identifier_list, ...) replacement_list
```

如果宏定义中的 identifier_list 以省略号结尾,则意味着调用中的参数比宏定义中的参数(不包括省略号)多;否则,宏定义中参数的数目(包括由预处理标记组成的参数)与调用中参数的数目匹配。对于在其参数中使用省略号表示法的 #define 预处理指令,在其替换列表中使用标识符__VA_ARGS__。

(2)_Pragma 操作符。

_Pragma (string‑literal)形式的一元操作符表达式处理如下:

①如果字符串文字具有 L 前缀,则删除该前缀。

②删除前导和结尾双引号。

③用双引号替换每个换码序列′。

④用单个反斜杠替换每个换码序列//。

(3)内部编译指令。

STDC FP_CONTRACTON/OFF/DEFAULT

若为 ON,浮点表达式被当做基于硬件方式处理的独立单元,默认值是定义的工具。

STDC FEVN_ACCESSON/OFF/DEFAULT

告诉编译程序可以访问浮点环境,默认值是定义的工具。

STDC CX_LIMITED_RANGEON/OFF/DEFAULT

若值为 ON,相当于告诉编译程序某程序某些含有复数的公式是可靠的,默认是 OFF.

(4)新增的内部宏。

__STDC_HOSTED__	若操作系统存在,则为 1
__STDC_VERSION__	199991L 或更高,代表 C 的版本
__STDC_IEC_599__	若支持 IEC 60559 浮点运算,则为 1
__STDC_IEC_599_COMPLEX__	若支持 IEC 60599 复数运算,则为 1
__STDC_ISO_10646__	由编译程序支持,用于说明 ISO/IEC 10646 标准的年和月格式:yyymmmL

8. for 语句内的变量声明

C99 中,程序员可以在 for 语句的初始化部分定义一个或多个变量,这些变量的作用域仅于本 for 语句所控制的循环体内。

C 编译器接受作为 for 循环语句中第一个表达式的类型声明:

```
for (int i = 0; i<10; i++){ //loop body };
```

for 循环的初始化语句中声明的任何变量的作用域是整个循环(包括控制和迭代表达式)。

9. 复合赋值

C99 中,复合赋值中,可以指定对象类型的数组、结构或联合表达式,当使用复合赋值时,应在括弧内指定类型,后跟由花括号围起来的初始化列表;若类型为数组,则不能指定数组的大小,建成的对象是未命名的。

10. 柔性数组结构成员

C99 中,结构中的最后一个元素允许是未知大小的数组,这就叫做柔性数组成员,但结构中的柔性数组成员前面必须至少一个其他成员。柔性数组成员允许结构中包含一个大小可变的数组,sizeof 返回的这种结构大小不包括柔性数组的内存,包含柔性数组成员的结构用 malloc()函数进行内存的动态分配,并且分配的内存应该大于结构的大小,以适应柔性数组的预期大小。

11. 复合赋值初始化符

C99 中,该特性对经常使用稀疏数组的程序员十分有用,指定的初始化符通常有两种用法:用于数组,以及用于结构体和共用体。

用于数组的格式:

```
[index] = vol;
```

其中,index 表示数组的下标,vol 表示本数组元素的初始化值,例如:

```
int x[10] = {[0] = 10, [5] = 30};
```

其中只有 x[0]和 x[5]得到了初始化。这种方式不错,但是 VC6 对它不支持。

用于结构体或共用体的格式如下:

member-name(成员名称):对结构进行指定的初始化时,允许采用简单的方法对结构中的指定成员进行初始化。

例如:

```
struct example{ int k, m, n; } object  = {m = 10, n = 200};
```

其中,没有初始化 k,对结构成员进行初始化的顺序没有限制。

12. printf( )和 scanf( )函数系列的增强

C99 中 printf()和 scanf()函数系列引进了处理 long long int 和 unsigned long long int 数

据类型的特性。long long int 类型的格式修饰符是 ll,在 printf()和 scanf()函数中,ll 适用于 d、i、o、u 和 x 格式说明符。

另外,C99 还引进了 hh 修饰符,当使用 d、i、o、u 和 x 格式说明符时,hh 用于指定 char 型参数,ll 和 hh 修饰符均可以用于 n 说明符。

格式修饰符 a 和 A 用在 printf()函数中时,结果将会输出十六进制的浮点数,格式如下:

[-]0xh,hhhhp + d

使用 A 格式修饰符时,x 和 p 必须是大小,A 和 a 格式修饰符也可以用在 scanf()函数中,用于读取浮点数,调用 printf()函数时,允许在 %f 说明符前加上 l 修饰符,即 %lf,但不起作用。

13. C99 新增的库

C99 新增的头文件和库:

\<complex.h\>	支持复杂算法
\<fenv.h\>	给出对浮点状态标记和浮点环境的其他方面的访问
\<inttypes.h\>	定义标准的、可移植的整型类型集合,也支持处理最大宽度整数的函数
\<iso646.h\>	用于定义对应各种运算符的宏
\<stdbool.h\>	支持布尔数据类型类型,定义宏 bool,以便兼容于 C + +
\<stdint.h\>	定义标准的、可移植的整型类型集合
\<tgmath.h\>	定义一般类型的浮点宏
\<wchar.h\>	用于支持多字节和宽字节函数
\<wctype.h\>	用于支持多字节和宽字节分类函数

14. __func__ 预定义标识符

用于指出 __func__ 所存放的函数名,类似于字符串赋值。

15. 幂等限定符

类型限定符:如果同一限定符在同一说明符限定符列表中出现多次(无论直接出现还是通过一个或多个 typedef),行为与该类型限定符仅出现一次时相同。

16. static 及数组声明符中允许的其他类型限定符

关键字 static 可以出现在函数声明符中参数的数组声明符中,表示编译器至少可以假定许多元素将传递到所声明的函数中,使优化器能够作出以其他方式无法确定的假定。

C 编译器将数组参数调整为指针,因此 void foo(int a[]) 与 void foo(int * a) 相同。

如果您指定 void foo(int * restrict a); 等类型限定符,则 C 编译器使用实质上与声明限定指针相同的数组语法 void foo(int a[restrict]);表示它。

C 编译器还使用 static 限定符保留关于数组大小的信息。例如,如果指定 void。

foo(int a[10]),则编译器仍将它表达为 void foo(int * a)。按以下所示使用 static 限定符:void foo(int a[static 10]),让编译器知道指针 a 不是 NULL,并且使用它可访问至少包含十个元素的整数数组。

17. 其他特性的改动

放宽的转换限制		
限制	C89 标准	C99 标准
数据块的嵌套层数	15	127
条件语句的嵌套层数	8	63
内部标识符中的有效字符个数	31	63
外部标识符中的有效字符个数	6	31
结构或联合中的成员个数	127	1023
函数调用中的参数个数	31	127

C11 新标准

2011 年 12 月 8 日,ISO 正式发布了新的 C 语言的新标准 C11,之前被称为 C1X,官方名称为 ISO/IEC 9899:2011。

新的标准提高了对 C++的兼容性,并增加了一些新的特性。这些新特性包括:

(1)对齐处理(Alignment)的标准化(包括_Alignas 标志符,alignof 运算符,aligned_alloc 函数以及<stdalign. h>头文件。

(2)_Noreturn 函数标记,类似于 gcc 的 __attribute__((noreturn))。

(3)_Generic 关键字。

(4)多线程(Multithreading)支持,包括:

①_Thread_local 存储类型标识符,<threads. h>头文件,里面包含了线程的创建和管理函数。

②_Atomic 类型修饰符和<stdatomic. h>头文件。

(5)增强的 Unicode 的支持。基于 C Unicode 技术报告 ISO/IEC TR 19769:2004,增强了对 Unicode 的支持。包括为 UTF−16/UTF−32 编码增加了 char16_t 和 char32_t 数据类型,提供了包含 unicode 字符串转换函数的头文件<uchar. h>.

(6)删除了 gets() 函数,使用一个新的更安全的函数 gets_s()替代。

(7)增加了边界检查函数接口,定义了新的安全的函数,例如 fopen_s(),strcat_s() 等等。

(8)增加了更多浮点处理宏。

(9)匿名结构体/联合体支持。这个在 gcc 早已存在,C11 将其引入标准。

(10)静态断言(Static assertions),_Static_assert(),在解释 ♯if 和 ♯error 之后被处理。

(11)新的 fopen() 模式,("···x")。类似 POSIX 中的 O_CREAT|O_EXCL,在文件锁中比较常用。

(12)新增 quick_exit() 函数作为第三种终止程序的方式。当 exit()失败时可以做最少的清理工作。

附录二 头文件

```
# include <alloc. h>        //说明内存管理函数(分配、释放等)
# include <assert. h>       //设定插入点
# include <bios. h>         //说明调用 IBM－PC ROM BIOS 子程序的各个函数
# include <conio. h>        //说明调用 DOS 控制台 I/O 子程序的各个函数
# include <ctype. h>        //字符处理
# include <dir. h>          //包含有关目录和路径的结构、宏定义和函数
# include <dos. h>          //定义和说明 MSDOS 和 8086 调用的一些常量和函数
# include <errno. h>        //定义错误码
# include <fcntl. h>        //定义在与 open 库子程序连接时的符号常量
# include <float. h>        //浮点数处理
# include <fstream. h>      //文件输入/输出
# include <graphics. h>     //有关图形功能的各个函数,图形错误代码的常量定义,正对
                            //不同驱动程序的各种颜色
# include <io. h>           //包含低级 I/O 子程序的结构和说明
# include <iomanip. h>      //参数化输入/输出
# include <iostream. h>     //数据流输入/输出
# include <limits. h>       //定义各种数据类型最值常量
# include <locale. h>       //定义本地化函数
# include <math. h>         //定义数学函数
# include <mem. h>          //说明一些内存操作函数(其中大多数也在 STRING. H 中说
                            //明)
# include <process. h>      //说明进程管理的各个函数,spawn…和 EXEC …函数的结构
                            //说明
# include <setjmp. h>       //定义 longjmp 和 setjmp 函数用到的 jmp
                            //buf 类型,说明这两个函数
# include <share. h>        //定义文件共享函数的参数
# include <signal. h>       //定义 SIG[ZZ(Z)[ZZ)]IGN 和 SIG[ZZ(Z)[ZZ)]DFL 常量,
                            //说明 rajse 和 signal 两个函数
# include <stdarg. h>       //定义读函数参数表的宏(如 vprintf,vscarf 函数)
# include <stddef. h>       //定义一些公共数据类型和宏
# include <stdio. h>        //定义输入/输出函数
# include <stdlib. h>       //定义杂项函数及内存分配函数
```

```
# include <string. h>       //字符串处理
# include <strstrea. h>     //基于数组的输入/输出
# include <types. h>        //定义在打开和创建文件时用到的一些符号常量
# include <stat. h>         //说明 ftime 函数和 timeb 结构
# include <time. h>         //定义关于时间的函数
# include <value. h>        //定义一些重要常量,包括依赖于机器硬件的和为与 Unix
                              System V 相兼容而说明的一些常量,包括浮点和双精度值
                              的范围
# include <wchar. h>        //宽字符处理及输入/输出
# include <wctype. h>       //宽字符分类
```

C99 增加

```
# include <complex. h>      //复数处理
# include <fenv. h>         //浮点环境
# include <inttypes. h>     //整数格式转换
# include <iso646. h>       //定义对应各种运算符的宏
# include <stdbool. h>      //布尔环境
# include <stdint. h>       //整型环境
# include <tgmath. h>       //通用类型数学宏
# include <wchar. h>        //支持多字节和宽字节函数
# include <wctype. h>       //支持多字节和宽字节分类函数
```

附录三　ASCII 表

ASCII 值	控制字符	ASCII 值	控制字符	ASCII 值	控制字符	ASCII 值	控制字符
0	NUT	32	（space)	64	@	96	、
1	SOH	33	!	65	A	97	a
2	STX	34	"	66	B	98	b
3	ETX	35	♯	67	C	99	c
4	EOT	36	$	68	D	100	d
5	ENQ	37	％	69	E	101	e
6	ACK	38	&	70	F	102	f
7	BEL	39	,	71	G	103	g
8	BS	40	（	72	H	104	h
9	HT	41	）	73	I	105	i
10	LF	42	＊	74	J	106	j
11	VT	43	＋	75	K	107	k
12	FF	44	,	76	L	108	l
13	CR	45	—	77	M	109	m
14	SO	46	.	78	N	110	n
15	SI	47	/	79	O	111	o
16	DLE	48	0	80	P	112	p
17	DCI	49	1	81	Q	113	q
18	DC2	50	2	82	R	114	r
19	DC3	51	3	83	X	115	s
20	DC4	52	4	84	T	116	t
21	NAK	53	5	85	U	117	u
22	SYN	54	6	86	V	118	v
23	TB	55	7	87	W	119	w
24	CAN	56	8	88	X	120	x
25	EM	57	9	89	Y	121	y
26	SUB	58	:	90	Z	122	z
27	ESC	59	;	91	〔	123	｛
28	FS	60	＜	92	/	124	｜
29	GS	61	＝	93	〕	125	｝
30	RS	62	＞	94	∧	126	～
31	US	63	?	95	—	127	DEL

其中控制字符详细介绍:

NUL	空	VT	垂直制表	SYN	空转同步
SOH	标题开始	FF	走纸控制	ETB	信息组传送结束
STX	正文开始	CR	回车	CAN	作废
ETX	正文结束	SO	移位输出	EM	纸尽
EOY	传输结束	SI	移位输入	SUB	换置
ENQ	询问字符	DLE	空格	ESC	换码
ACK	承认	DC1	设备控制 1	FS	文字分隔符
BEL	报警	DC2	设备控制 2	GS	组分隔符
BS	退一格	DC3	设备控制 3	RS	记录分隔符
HT	横向列表	DC4	设备控制 4	US	单元分隔符
LF	换行	NAK	否定	DEL	删除

附录四 C 运算符和优先级

优先级	运算符	名称或含义	使用形式	结合方向
1	[]	数组下标	数组名[常量表达式]	左到右
	()	圆括号	(表达式)/函数名(形参表)	
	.	成员选择(对象)	对象.成员名	
	->	成员选择(指针)	对象指针->成员名	
2	-	负号运算符	-表达式	右到左
	(类型)	强制类型转换	(数据类型)表达式	
	++	自增运算符	++变量名/变量名++	
	--	自减运算符	--变量名/变量名--	
	*	取值运算符	*指针变量	
	&	取地址运算符	&变量名	
	!	逻辑非运算符	!表达式	
	~	按位取反运算符	~表达式	
	sizeof	长度运算符	sizeof(表达式)	
3	/	除	表达式/表达式	左到右
	*	乘	表达式*表达式	
	%	余数(取模)	整型表达式/整型表达式	
4	+	加	表达式+表达式	左到右
	-	减	表达式-表达式	
5	<<	左移	变量<<表达式	左到右
	>>	右移	变量>>表达式	
6	>	大于	表达式>表达式	左到右
	>=	大于等于	表达式>=表达式	
	<	小于	表达式<表达式	
	<=	小于等于	表达式<=表达式	
7	==	等于	表达式==表达式	左到右
	!=	不等于	表达式!=表达式	

优先级	运算符	名称或含义	使用形式	结合方向
8	&	按位与	表达式 & 表达式	左到右
9	^	按位异或	表达式^表达式	左到右
10	|	按位或	表达式|表达式	左到右
11	&&	逻辑与	表达式 && 表达式	左到右
12	||	逻辑或	表达式||表达式	左到右
13	?:	条件运算符	表达式 1? 表达式 2：表达式 3	右到左
14	=	赋值运算符	变量＝表达式	右到左
	/=	除后赋值	变量/＝表达式	
	*=	乘后赋值	变量 * ＝表达式	
	%=	取模后赋值	变量%＝表达式	
	+=	加后赋值	变量＋＝表达式	
	−=	减后赋值	变量－＝表达式	
	<<=	左移后赋值	变量<<＝表达式	
	>>=	右移后赋值	变量>>＝表达式	
	&=	按位与后赋值	变量 &＝表达式	
	^=	按位异或后赋值	变量^＝表达式	
	|=	按位或后赋值	变量|＝表达式	
15	,	逗号运算符	表达式,表达式,…	左到右

参考文献

[1] 谭浩强. C 程序设计[M]. 4 版. 北京:清华大学出版社,2010

[2] David Conger. 软件开发:编程与设计(C 语言版)[M]. 朱剑平,译. 北京:清华大学出版社, 2006

[3] H. M. Deitel,P. J. Deitel. C 程序设计教程[M]. 薛万鹏 译. 北京:机械工业出版社,2007

[4] Stanley B. Lippman. C++Primer 中文版[M]. 李师贤,候爱军,梅晓勇,等译. 北京:人民 邮电出版社,2006

[5] 张毅坤,曹锰,张亚铃. C 语言程序设计教程[M]. 西安:西安交通大学出版社,2003

[6] Alice E. Fischer,David W. Eggert. C 语言程序设计实用教程[M]. 裘岚,张晓芸,译. 北京: 电子工业出版社,2000

[7] 齐勇,冯博琴,王建仁. C 语言程序设计[M]. 西安:西安交通大学出版社,1999

[8] 高涛,陆丽娜. C 语言程序设计[M]. 西安:西安交通大学出版社,2007

[9] 李春葆. C 语言程序设计题典[M]. 北京:清华大学出版社,2002

[10] 楼永坚,吴鹏,徐恩友. C 语言程序设计[M]. 北京:人民邮电出版社,2006

[11] 匡松,何福良. 全国计算机等级考试上机考试专项训练[M]. 北京:中国铁道出版社,2006

[12] 谭浩强,张基温. C 语言程序设计教程[M]. 北京:高等教育出版社,1999

[13] 孙永林. C 语言程序设计[M]. 北京:机械工业出版社,2003

[14] 刘瑞新. C 语言程序设计教程[M]. 北京:机械工业出版社,2004

[15] 杨起帆. C 语言程序设计教程[M]. 杭州:浙江大学出版社,2006

[16] Stephen G. Kochan. C 语言编程[M]. 张小潘 译. 北京:电子工业出版社,2006

[17] Eric S. Roberts. C 语言的科学和艺术[M]. 翁惠玉,张冬荣,杨鑫,等译. 北京:机械工业 出版社,2005

[18] 陈宝贤. C 语言程序设计教程[M]. 北京:人民邮电出版社,2005

[19] M. Waite,S. Prata. 新编 C 语言大全[M]. 范植华,樊莹,等译. 北京:清华大学出版社, 1994

[20] 顾元刚. C 语言程序设计教程[M]. 北京:机械工业出版社,2004

[21] 廖雷. C 语言程序设计基础[M]. 北京:高等教育出版社,2004

[22] Al Kelley,Ira Pohl. Programming in C[M]. 北京:机械工业出版社,2004

[23] David R. Hanson. C 语言接口与实现[M]. 傅蓉,等译. 北京:机械工业出版社,2004

[24] 彭四伟,赵彤洲,高巍. C 语言程序设计[M]. 北京:清华大学出版社,2002